微人格心理学

任远坤◎编著

中国纺织出版社

内 容 提 要

作为现代人，仅仅保持物质上的富足还是远远不够的，越来越多的人开始关注心灵。尤其是在心理问题高发的大都市里，心理学知识更是成为必须知道的常识，出现在更多人的案头。

本书以微人格知识为基础，从各种不同的微人格表现为出发点，以真实生动的案例作为载体，为读者朋友解开心中的谜团，熟悉和了解心理学与微人格的相关知识，帮助读者朋友们提高生活的档次和质量。

图书在版编目（CIP）数据

微人格心理学／任远坤编著.—北京：中国纺织出版社，2017.10

ISBN978-7-5180-3807-7

Ⅰ.①微… Ⅱ.①任…Ⅲ.①人格心理学 Ⅳ.①B848

中国版本图书馆CIP数据核字（2017）第170722号

责任编辑：闫 星　　特约编辑：李 杨　　责任印制：储志伟

中国纺织出版社出版发行

地址：北京市朝阳区百子湾东里A407号楼　邮政编码：100124

销售电话：010－67004422　传真：010－87155801

http：//www.c-textilep.com

E-mail：faxing@c-textilep.com

中国纺织出版社天猫旗舰店

官方微博http：//weibo.com/2119887771

三河市延风印装有限公司印刷　各地新华书店经销

2017年10月第1版第1次印刷

开本：710×1000　1/16　印张：17

字数：195千字　定价：38.80元

前 言

人都是有思维和感情的，任何人在任何一天，都不可能脱离心理活动。也因为现代社会把人际关系提升到越来越高的地位，只有能够洞察人心的人才能更好地与他人交往，得到他人的认可和赞许，因而心理学也就更加不可或缺。

曾经人们以为诸如“心理”“神经”等这些词语，都应该是专业的医生或者学者才会使用的。其实不然。随着心理学知识的普及以及运用的范围越来越广泛，针对大众的心理学也更“火”起来。本书要和大家说一说微人格的问题，那么什么叫微人格呢？微人格和心理学又有什么关系呢？答案就是每个人每天都要进行心理活动，人的一切言行举止都与心理的作用密不可分，更何况是人格呢？！

很多人都在影视剧中看到过心理医生给患者催眠进行治疗的镜头和情节。实际上，现实生活中这样的事情也并不少见。尤其是在生活和工作节奏都越来越快，人们都在巨大压力下处于身体和精神亚健康状态的大城市，心理问题的发生越来越高频，人们走入心理诊所也成为更加常见的事情。

从本质上来说，每个人都存在着或轻或重的心理问题，只不过普通人的心理问题症状较轻，也能够自我调解。而对于心理疾病患者，则因为心理扭曲严重，无法自我调整，只能依靠心理医生的引导和疏导，才能更好地消除忧郁情绪。

所谓微人格，从本质上说，就是那些在人们身上没有明显表现出来，往往出于隐藏状态的性格和人格。每个人都有微人格，有些人的微人格表现明显，有些人的微人格表现得不明显。如果能够更好地了解微人格，我们就能通过观察微人格，从而更加深入地了解他人，把握他人内心世界，这样对于我们与他人的相处是非常有好处的；或者作为自我的反思，也能够起到事半功倍的效果。

现代社会很多年轻人都喜欢追星，在他们心目中，明星都是非常完美的，没有任何瑕疵和缺点。因而当看到自己喜欢的某个明星曝出丑闻，或者吸毒，或者骂人时，他们总觉得难以接受。从微人格的角度来说，这一点很容易理解：明星也是人，既有正面积极的表现，也有反面消极的表现，无可厚非。毋庸置疑，在这个世界上，没有任何人是绝对完美的。我们只有怀着一颗宽容和善于体察的心，才能更加友善地对待他人、包容他人，也才能真正的宽宥自己。

人生不如意十之八九，当遇到生活中难以解开的难题时，与其歇斯底里地抱怨，不如坦然面对。唯有保持内心的淡定平静，我们才能战胜自己，成为真正的强者！

编著者

2017年1月

目　录

第01章

究竟有多少种隐秘人格藏在你心中

每个人除看得见的身体之外，都还存在着另一个陌生的“自我”。然而，大多数人并没有意识到这个“自我”的存在，因而更显得浑浑噩噩，茫然不知所以。如果我们能够做到深层次地剖析自己，则一定能够揭开自身的面纱，从而更好地认清自己，洞察自己的内心，了解自己深层次的精神世界。这对于我们的生存和发展，一定是有好处的。

“变态”其实是见怪不怪

若干年前，如果我们骂一个人“变态”，那么这个人无论是从外表上看或者是从其内心来看，定然有着与众不同且不能为大众所接受的异常表现。这种异常表现真的就属于病态的吗？很多情况下，事实并非如此，它有可能只是不同于常人。当然，我们也不排除生活中真的存在一些变态的人。诸如有些男人很喜欢穿裙子，而且还要像女人一样穿丝袜。在几十年前，我们看到一个男人留着长长的头发，也会在心里暗暗骂其变态。随着时代的发展，社会的进步，和国门的打开，越来越多的西方先进思潮和生活理念涌入我们的生活。现在，我们对于男人穿裙子已经见怪不怪了，因而变态一词随着时间的流逝，多用在那些表现越发异常，甚至存在病态的人身上。

早晨，你正在拥挤的地铁上昏昏欲睡，突然觉得从身后伸来一只手，在抚摸你的臀部，这时候你一定会马上睡意全无，扭头怒骂：“变态！”有的时候，你漫不经心地走过某一处，却发现有个男人正裸露着自己的私处，而且满脸猥琐地看着你，这样的男人无疑也是变态的。随着网络的普及，网络上承载的内容也越来越复杂，越来越无常。有很多虐杀小动物的视频在网络上播放次数高达几十万次。为什么有那么变态的人上传这样的视频且又有那么多人喜欢看呢？不得不说，他们的心理多多少少都存在扭曲。变态就是如此常见，在我们的生活中甚至随处可见，及至那些曾经一见到他们就惊呼“变态”的人，也都对此习以为常了。不得不说，这是生活中的悲哀。

既然现代社会中存在的变态现象已经见怪不怪了，我们也就要想出更加积极的办法应对这些变态的反常行为。当然，有些变态并非真的是心理变态，而只是因为生活和工作的压力太大，为了缓解压力，所以才导致其行为变态。既然如此，我们也就没有那么容易识别出变态和非变态的区别了。很多时候，那些一眼能够看出来的变态行为并不会对我们造成威胁，反而是那些看起来和正常人无异实则心理严重扭曲的伪变态，才会给人们带来大麻烦。因而，我们应该调整好心态，保持平和之心对待他们，千万不要随意激怒他们。曾经在北京，一位女士因为推着婴儿车挡住了超市停车场出口处的道路，面对司机的鸣笛，这位女士没有及时让路，而是想要与对方理论。使其万万想不到的是，司机愤怒地下车后并没有给女士辩解的机会，而是怒气冲冲地抓起了婴儿车上的孩子，将其狠狠地摔在地上。无辜的孩子就这样受到严重伤害，最终失去了生命。不得不说，这不仅是母亲的悲哀，也是全社会的悲哀。近年来，因为成人吵架而迁怒于孩子的事情时有发生，不得不说，这样的伪变态给人们的生活带来了极大的危害，使得人心惶惶不可终日。既然变态见怪不怪了，我们也应该及时调整自己的言行举止，从而更好地保护自己，也保护好家人和孩子。

当然，所谓的变态并非全部都是恶意的。所谓的变态，其实也指的是不同于常人的心态和外在表现。接下来，让我们看一个例子。

有位男士和妻子的感情非常好，然而，就在他们结婚的第三个年头，因为羊水栓塞，正在生产的妻子骤然离世。男士终日恍惚，精神不振。也许是因为强烈的思念吧，他几乎每天晚上都会梦到妻子，在梦里，他们还像以前一样过着幸福甜蜜的生活，一起买菜做饭，一起看电视、去游玩，甚至连夫妻生活都一如往常。渐渐地，这位男子变得嗜睡，不想面对现实的生活，只想在梦里和妻子一起重温往日的美好。随着时间的推移，他的精神越来越不正常，最终精神失常，被送进了医院。

在这个事例中，男子对于妻子炽热的爱，使他沉迷于睡眠之中，以便能够与妻子重逢。殊不知，人死如灯灭，这只不过是他潜意识中美好的愿望。当长期沉迷其中，他必然会神志不清，导致心理上的变态。曾经有位心理学专家说：“一切心理问题，归根结底，都是潜意识的问题。”生活中，当我们看到某个受到强烈刺激的人开始自言自语地说笑时，就要警惕了。只有及时帮助他们调整好情绪，才能让他们从沉痛中走出来，勇敢地面对现实世界。

人们常说，“日有所思，夜有所梦。”恰巧就是这个道理。如果你身边有爱喝酒的人，你就会发现当一个人喝酒之后，尤其是喝醉之后，就仿佛变了一个人。这主要是因为在酒精的刺激下，他们的潜意识完全被激发出来，那个隐藏的自我也开始尽情表现。这么说来，变态似乎也没有那么可怕了！

心理课堂

每个人的心里都住着一个陌生的自己，这就像是我们在阳光下都有影子一样。只不过，这个模糊的自己深藏在我们的心里，不到万不得已，很少表现出自我。因而，我们不要一谈到变态就色变，其实变态在生活中很常见，而且也不那么可怕。就当是另外一个自我出来遛弯儿吧，你只需要掌控好让哪一个自我占据主导位置就行了。

“人影”告诉我们的秘密

在有阳光的日子，每个人都有影子。这影子，恰恰是在我们身后出现的阴暗面。对此，我们不由得感到遗憾，为什么有阳光的地方总是有阴影呢？虽然阴天的时候没有影子，但是整个大地都笼罩在阴影中。因而，别再为阳光下的影子感到遗憾吧，只有坦然接受这一切，我们才能更好地活出自己。

现实生活中，很多人都想要与心中那个潜藏的“自己”较劲。有些人能意识到自己还有一个不同的“自我”，有些人却不明就里。然而，不管怎样，他们都和自己闹别扭，恨不得一下子把自己变得完美无瑕。殊不知，金无足赤，人无完人。在这个世界上，真正完美的人是根本不存在的。因此，我们必须学会接受自己的不完美，只有不完美才是最真实的存在，也是每个人都必须接受的自我。

原本，阿迷的人生应该是一帆风顺的。他的家境虽然说不上富裕，但也算殷实。阿迷的父母都是老师，一心一意想要把阿迷教育好，给他顺风顺水的人生。然而，一切都在阿迷初三那年改变了。那年，学校里要收一笔费用，阿迷带着父母给他的钱来到学校，放在课桌的桌肚里。不承想，一节课之后等到老师来收钱时，阿迷发现自己的钱不翼而飞了。那是一笔数目不小的钱，阿迷自然很害怕。当他放学回家之后胆战心惊地把这件事情告诉父母后，父母全都抱怨阿迷为什么不好好保管钱，还说那是家里半个月的生活费。果然，后来的半个月他们家几乎天天吃清水煮白菜，简直艰苦极了。

这件事情在阿迷的心里留下了阴影，他深信这钱一定是班级里的同学偷的。既然不知道谁是真正的贼，那么就让全班同学来承担吧！从此之后，阿迷总是盯着其他同学的桌肚，恨不得把丢失的钱一下子全都偷回来。一段时间之后，班级里的同学们都找老师反映丢钱的问题，老师只得报警了。经过警察的一番调查，阿迷很快就被揪了出来。尽管他的父母再三恳求学校和警察放过他，但是他还是去少年劳教所待了半年。从此，阿迷更加仇恨学校，也仇恨社会。他非但没能迷途知返，反而在犯罪的道路上越走越远，直至无法回头。

从阿迷的经历中，我们感受到沉重的无奈。归根结底，阿迷并不是一个坏孩子，但是遭遇被偷窃的经历和父母的过激反应，让他产生了阴影。最终，他决定以最不应该的方式弥补自己的损失，因而总是不断地偷窃，最终误入歧途。

其实，不管我们平日里是否有所觉察，也不管是我们自身还是他人，都一定在表现出来的性格之外，还有着不为人知的性格。在日常生活中，我们不但要敏锐地洞察自己，也要细致入微地体察他人。这样，我们才能及时感觉到自己的变化，从而更好地完善自身的性格，有效避免自己极端的做法。

生活中有很多人无法承受挫折，这是因为他们心中有着阴影。如果是一个阳光的人，即使生活有些不如意，也能够尽快化解，而不至于任由不快导致自己陷入泥沼，以至于越陷越深。

心理课堂

所谓变态心理的起源，就是生活中不断积累的负面能量和消极思想在作祟。假如我们能够让自己的心理充满阳光，从而积极乐观地面对生活，那么我们就不会长期被阴影所笼罩，能够坚定地走出来，走出属于自己的一片新天地。

精神胚胎对人的影响不容忽视

什么叫精神胚胎呢？这当然是心理学范畴内的问题。自胎儿存在于母亲子宫的那一刻开始，胚胎就在不停地生长发育。直到婴儿呱呱坠地，精神胚胎的成长更加快速。如果说人在母体的胚胎同时也是动物所有的，那么婴儿在出生之后的精神成长和进步，则是动物所不具备的。正是这一点，把人类与动物区别开来，使人成为高级动物。

早在很久之前，人们就曾关于世界是否真实的问题展开过激烈的争论和辩论。提到这个问题，大家难免会想到庄生梦蝶的典故。由此可见，对于世界的真实性，人类早已开始反思。很多人听到这个问题都觉得可笑，觉得只有神经不正常的人才会怀疑世界的真实性。其实，真正的精神病人对于这个问题反倒丝毫不犹豫纠结，只有那些睿智的哲学家们，才对这个问题纠缠不已。再想想前段时间热播的《夏洛特烦恼》，作为一部让人笑中有泪的喜剧片，也有些探讨世界真实性的意思。不得不说，这是一部有着哲学深度的好电影，让仁者见仁，智者见智，不同层次的人都能从中感受到不同深度的含义。

在所谓的现实生活中，如果一个人分不清楚梦境和现实，醒着的时候以为自己是在做梦，做梦的时候却在不停地掐自己的大腿，那么不得不说，这样的人生是非常悲惨的。日久天长，当虚幻和现实实现无极转换，人一定会变得疯狂。实际上，我们今日所知道的政治家、军事家、文学家、艺术家等，在最初降临人世时，都曾经是如一张白纸的婴儿。婴儿有着相差无几的身体，精神方面也近乎一致的空白，只有随着时间的流逝才能渐渐学会模仿成人的一举一动。在成长的岁月里，他们受到外界的影响很大，甚至忘记了自己的本能。既然环境能够塑造人，这既是人类的幸运，也是大不幸。因而，当代社会才出现了那么多千篇一律的、所谓的人才，大家统统如同鹅卵石般圆滑，根本没有个性和特点可言。

作为意大利著名的教育家，蒙特梭利曾经对此表示强烈反对。她认为，每个新生儿从呱呱坠地开始，不但有肉体，也有着精神胚胎。而所谓成长的环境，在对新生儿产生影响的次序上，只能排在第三位。蒙特梭利认为，人的精神胚胎是有成长密码的，而且幼儿随着渐渐成长，是能够从精神胚胎中解码，并且促进自身的成长和发育的。由此，蒙特梭利的教育理念就是，儿童是成人的父，是儿童引领成人找回遗失的自己。不得不说，这个精神胚胎是更高层次的人类秘密，迄今无人能够确凿无疑地将其解开。大自然是充满奥秘的，要想真正了解大自然，我们还必须付出极大的努力，走过漫长的道路。

通常情况下，婴儿的肉体、精神胚胎和对世界的认知，是构成婴儿成长和发育的三个重要方面，也是对人的整体起到支撑作用的。然而，如果在成长的过程中这三者不够统一，则会使人的成长失去平衡，导致心理渐渐扭曲。不得不说，这是成长中莫大的悲哀。

曾经，有个男孩儿在母亲无微不至的照顾下长大。这位母亲是单身，因而把孩子当成是自己的全部，不管什么事情，全部都是由母亲代劳。孩子渐渐地长大了，母亲也没有送孩子去上学，而是自己在家里教孩子学习。尤其是在行为方面，母亲更是对孩子严加管束。有段时间，母亲甚至像古时候孟母三迁一样，带着孩子搬了好几次家，最终搬到一个人迹罕见的地方。

直到孩子15岁那年，母亲才不得不送他去读初中。虽然孩子已经15岁了，但是男孩儿的精神胚胎并没有得到充分的成长。虽然他看起来和大多数15岁的孩子并没有显著区别，但是他在学校里非常胆小怯懦，总是畏首畏尾的。在一个同学背着一个新书包来上学之后，他在放学时居然把那个新书包背在了自己的身上，即使同学索要，他也不愿意归还。不得不说，男孩儿的心智依然停留在幼儿园小班孩子的阶段，他根本没有明确的意识区分物的所属。最终，直到他妈妈赶来，男孩儿才把新书包还给同学。

虽然这只是个小故事，却能够看出男孩儿只是身体得到发育，精神胚胎始终没有得到良好的发育，尤其是对于事物的认知，更是一片空白。这样的孩子虽然已经15岁了，却和刚刚走入幼儿园的小朋友没有什么区别。好好的一个孩子，就因为他的妈妈霸道与自私的爱，变得精神胚胎发育不良。

人是群居动物，每个人都无法真正脱离群体而生活。大多数情况下，我们必须非常努力地调整自己，以适应社会的发展。而如果你的社会经验是一片空白，必将会影响你的精神胚胎的发育。最终，你会进入失衡的状态。生活中，有很多人看起来很老成，但是其内心却很幼稚，这与发育的失衡也是有关系的。

精神胚胎对人的影响非常深远，我们必须重视精神胚胎的发育，这样才能促使自己更加全面的发展。尤其是父母，更应该注意对于儿童精神胚胎的保护。很多成年人的悲剧和暴戾，恰恰是因为童年时期的阴影。所谓精神失控，就是一个人的身体与灵魂的发育脱节。既然我们意识到这个问题，就应该加强对自身的调整，从而实现均衡发展。

心理课堂

一切的失衡，都需要经过补充才能达到再次平衡。如果你意识到自己的异常行为，千万不要回避问题，而应该积极、深入地剖析自己，从而保证自己能够均衡发展，健康发展。很多人认为自己肉体很强壮，就自以为精神也很强大。殊不知，矮小的那普利能够征服全世界，有些身强体壮的人却无法做到。因而，我们不但要做一个身体健壮的人，也要成为一个精神上真正的巨人。

你了解自己的潜意识吗

所谓潜意识，实际上是我们所意识不到的。生活中，我们常常会有意识地做出很多决定，最终却发现其实能够左右我们思想的，是那些我们尚未意识到的潜意识。正因为潜意识的作用是潜移默化的，而且当事人往往还不自觉，因而其力量更显得强大，影响更显得深远。既然如此，我们如何了解自己的潜意识，又如何利用潜意识更好地为生活与工作服务呢？这些是不具备心理学专业知识的我们很难弄清楚的，只能从大众的角度简单地谈谈意识和潜意识的关系，以便帮助我们更好地认清自己。

曾经，有一名而立之年的年轻女子，叫阿佳菲亚。她家境殷实，长得很漂亮，而且接受过良好的教育。不过，在当地人普遍二十几岁结婚的情况下，30多岁的她仍然单身。她有一份很好的工作，独自生活得自得其乐。有一天早晨，原本每天都按时出门上班的她，突然间发出异常的尖叫声，声音简直像是要把屋顶刺穿一样。听到异常声音的邻居们纷纷赶来观望，却看见平日里衣着光鲜的她居然只穿着睡衣就冲出了家门。看到邻居们，她颠三倒四地说家里有魔鬼现身，这让大家都觉得啼笑皆非。

由于阿佳菲亚的亲人都不在本地，邻居们只得找来警察。大家都以为她只是一时受到刺激导致精神失常，却没想到在精神病院疗养了一个月之后，她的病情反而越来越严重，口口声声说自己看到了魔鬼。就这样，她彻底疯了。然而，在疯了十几天之后，她又在一觉醒来之后神志清醒了，这让所有的心理学家和精神科医生都百思不得其解。不过，清醒之后的她性情大变，而且行为也越来越古怪。尽管很多心理学家和精神科医生都对她的病情进行了详细的研究，却始终没有找到病因。最终，一名德国心理学家发现了一个不为人知的细节，原来阿佳菲亚对牛奶有很深的抵触情绪。虽然大多数专家都忽略了这个细节，但是德国医生却进行了深入调查，最终得知阿佳菲亚年幼时曾经因为喝牛奶，差点儿丧命。而在发病前的几天时间里，她曾看过电视上报道的婴幼儿因为喝牛奶而死亡的消息。在对她进行深度催眠之后，德国心理学家了解了阿佳菲亚的心声：以前的阿佳菲亚曾因为喝牛奶导致的消化不良死了，现在的她不知道自己是谁。最终，心理学家判定阿佳菲亚患了人格分裂症。但是，阿佳菲亚的父母保证从未有人向阿佳菲亚透漏过她小时候因为喝牛奶差点儿死掉的消息。那么，还在婴儿时期的阿佳菲亚是如何得知此事的呢？我们只能将其归结于潜意识。

不得不说，阿佳菲亚的潜意识让她记住了童年时期的事情，也没有人能够对此给出合理的解释。只能说，是潜意识让阿佳菲亚得知了她原本不应该知道，更不应该记住的事情，说明我们每个人其实都会受到潜意识的操控。这也就是我们本文要说的“微人格”。所谓微人格，就是日常生活中不为我们觉察的潜意识操控下的我们人格的另一面。其常常在生活中没有明显的表现，但却真实存在。

从心理学的角度而言，每个人都有各不相同的人格。人格随着生活情境的不同，也在随时改变。不但人与人的人格各不相同，即使同一个人也会有不同的人格。而且，有些人格经过外界强化之后会变得更加鲜明，而有些人格则在长久的沉寂中隐藏于心灵深处，只有受到刺激或者意外情况发生时，才会显现出来。如果各种人格同时占据上风，就形成了人格分裂。通常情况下，每个人都有一种非常明显的且占据主导地位的人格，帮助人们完善自身、主宰生活。因而，我们应该形神合一，才能让自己的人格得到更好的发展和存在。

心理课堂

你一定也不曾深入了解过自己的潜意识，但是你肯定曾经做过梦。弗洛伊德曾说，“梦境在很多情况下是人们潜意识的反应”。古人云，“日有所思，夜有所梦”是有一定道理的。正因为潜意识的存在令人不知不觉，所以其对人们的影响更加深远，而且是在人们所不知情的情况下主导着人们的很多决定和选择。因而，了解潜意识对我们的生存和发展是有很大好处的，从现在开始，就让我们深入发觉自己的内心，更加深刻地了解自己吧！

你何曾认清自己的真实面目呢

何谓人格面具？所谓面具，顾名思义就是表现出来的样子。生活中很多人都见过面具，当我们不想让别人看到自己的真实面貌，就会以面具遮挡。这种面具，对于我们而言，是一种掩饰。在舞台上，很多演员也经常戴着面具，饰演各种各样的角色。从心理学的角度来说，人格面具则并不是掩饰，而是一种被强化了的人格。在进行精神分析理论的相关研究时，瑞士心理学家荣格提出了人格面具的说法，并且将其原型归为四大类。在《原始意向和集体无意识》中，荣格提出人格面具是人对应世界的自成体系，这种体系能够帮助人们适应世界，或者应对世界。人格面具具有统合性、独立性和整体性。统合性，是人的内在与外在的统一；独立性，是人格面具的独特性，每个人都必须把面具与自己的个性区别开来，才能保持认知的独立性；整体性，则指人格面具应该立足于整体人格，并且对整体人格产生影响。

人格面具，是我们应对客观世界的自我防护。现实生活中，很多人都不了解自己的真面目，而是自以为了解自己。实际上，我们并不了解自己，我们了解的只是那个我们愿意展现给世人的面目。

在这个世界上，很少有人能够做到真正的特立独行，更不可能完全按照自己的心意生活。有很多人都非常在乎他人的看法。诸如当人们很赞许一个人非常友善时，他就会变得更加乐于助人；当人们非常欣赏一个人的稳重老成时，这个人也就会变得更加成熟。如此长期发展下去，人们得到赞许的品质和表现会越来越得到加强。举个最简单的例子，当一个明星树立良好的公众形象，做了慈善和公益事业，并且得到了公众的认可，他就会更加注意维持自己的形象，甚至变得更加慷慨和大方。实际上，人的内心思想并非和表现在公众面前的完全一致。就像我们在独处的时候，也会与在他人面前有很大不同是一样的道理。

在风靡世界的电影《蜘蛛侠》中，彼得的形象深入孩子们的心。受彼得的影响，几乎每个看过这部影视作品的孩子，心中都有成为蜘蛛侠的梦想。当彼得穿上那件蜘蛛侠的衣服时，原本内向羞涩的他马上就像变了一个人，转眼之间变成了惩善扬恶的英雄。

其实，彼得因为从小就失去父母，被伯父伯母收养，虽然伯父伯母对他视若己出，但是他却非常羞涩、内向。直到读高中时，彼得尽管成绩优异，但是因为与其他同学很少往来，所以学校生活过得并不顺心如意。看到彼得整日沉浸在科学知识的世界中，同学们都调侃他是个书呆子，热衷于运动的汤普森还公开嘲笑他，给他起带有鄙视意味的绰号。

后来，一只受到放射性感染的蜘蛛把彼得咬伤了，彼得惊讶地发现自己居然获得了超能力。又因为他的伯父被一个抢劫犯杀死，他从此决定惩善扬恶，伸张正义。不过，彼得显然无法摆脱心底里的羞涩，因而他为自己制作了一身超酷的蜘蛛侠衣服，每当需要出手伸张正义时，他就会穿上那件衣服，以截然不同的形象出现在公众面前，最终在社会上引起了广泛影响。

在这部电影中，彼得显然是有着不同人格面具的。生活中的他总是内向而又羞涩，但是只要穿上蜘蛛侠的衣服，他马上就会像变了一个人一样，成为万人瞩目的英雄。这样的角色转变，让彼得渐渐认清了自己，也逐渐找回了自信。

我们需要区分人格面具和伪装的区别。因为人格面具是人格的不同表现，是无意识形成的。而伪装，则是人们的刻意为之。人格面具最主要的功能，就是帮助我们适应和应对外界的事物，从而让我们更好地生存和发展。众所周知，每个人都是有着多重角色的，诸如儿子、父亲、丈夫、上司、下属、医生等。这些角色在我们的生活中不断转变，往往需要我们表现出不同的自我以适应和满足角色的需要。很多人在形成人格面具的过程中，会更多的以外界的评价来规范自己。诸如当你夸奖孩子乖巧时，孩子很少变得顽皮，而是在你的夸奖后变得更加乖巧。然而一旦与小伙们在一起，孩子就会马上恢复其天性，减少对自己的束缚，让自己恢复孩童的天真和顽劣。通常情况下，一个健康的成人往往能够根据情境的需要改变自己，成功地为自己戴上最合适的人格面具，扮演好自己的社会角色。不过，需要注意的是，那些隐藏的人格则是很私密的，总是因为受到长期的压制而没有机会展示。例如，一名教师即使对学生非常厌恶，也不能在课堂上表现出来，而只能继续耐心地教育学生。只有佩戴最合时宜的人格面具，我们才能更好地生存。

心理课堂

也许你已经适应了自己现在的人格面具，也许你知道自己有些隐秘的人格面具是绝对不能表现出来的，但是你未必真的了解自己的真面目。人，是这个世界上最复杂的动物，是连自己都无法做到真正了解的。我们唯有对自己保持客观的心态，深刻剖析自身、了解自身、评价自身，才能给予自己更好的交代。从本质上来说，人格面具其实是一种自我保护机制，尽管与伪装不同，但是却能让我们表现得更好，更符合社会的期许和他人的评价。由此可见，人格面具与每个人的生活都是息息相关的，我们必须在认清自己的基础上，选择最好的人格面具，做最好的自己。

混乱的人格带给你颠倒的人生

当你拥有的角色越来越多，你所需要的人格面具也会越来越多，你还能做到井然有序地调配这些面具在最恰当的时候表现出来吗？就像是小丑表演扔球的游戏，也许球少的时候能够做到井井有条，但是当球越来越多，就难免会手忙脚乱，不知道如何是好了。在这种情况下，出现了一种新的心理名词，那就是“人格失调”。这个词语很形象，为我们揭示出人格失调的表现和本质。通常情况下，失调可以分为三种情况：第一种是人格面具过度发展。众所周知，过犹不及，当人格面具过度发展时，带给我们的未必是好的影响，很有可能是诸多的麻烦。第二种是人格面具发展不够全面。第三种是由于过于认同人格面具，导致把社会角色与自身的次序本末倒置，无法正确区分和利用。

生活中，有很多人都是人格面具过度发展的。诸如，有一个人很喜欢做好事，刚开始时，他是出于自身的真心而做好事，但是随着人们对他的赞许越来越多，他被这些称赞的话语绑架，根本不好意思再拒绝帮助他人，甚至是违心地去做一些好人好事，最终导致他所表现出来的乐于助人、大公无私，与他内心的所想所思完全不一致。在这种情况下，他的心灵与他的表现就产生了脱节。在历史上，也不乏这样的人存在。他们被人格面具所绑架，渐渐失去自我，虽然得到了无数的荣誉和赞许，却导致其渐渐背离真实的自己。

德意志大名鼎鼎的“乞丐帝王”威廉一世，骁勇善战，非常喜欢军事。他曾经把80%的财政收入拨款给军事所用，但是他的登基仪式却很节省，才花了2000银币。从这个巨大的反差中，我们不难看出威廉一世对于军事的重视程度。在他的管理下，国家盛行军国主义作风，主张“服从就是一切”的普鲁士精神。在威廉一世的治理下，全国上下都形成了艰苦朴素的作风，上到王公大臣，下到贫民百姓，没有一个人不过着节俭的生活。与此形成鲜明对比的是，普鲁士的军队装备一流，而且人员充足。

从皇太子腓特烈很小的时候，威廉一世就让教师们引导他排斥艺术和一切没有意义的活动。可惜天生羸弱的腓特烈非常胆小温柔，偏偏喜欢父亲不喜欢的艺术、文学等。为此，父亲与他之间发生了剧烈的争执，直接导致父亲对他的不认可和不欣赏。在父亲严厉的教育和凶残的殴打下，腓特烈胆战心惊，直到长大成人，这个阴影仍在他的心里挥之不去。在成年之后，腓特烈因为不堪忍受父亲的严厉，甚至想要逃到英国寻求庇护。但是他的计划落空了，他也因此而锒铛入狱。最残忍的是，父亲下令斩首腓特烈的同伴，还要求腓特烈必须旁观，这几乎撕裂了腓特烈的心。他意识到父亲是不会妥协和尊重他的，从此他不得不开始戴着面具过一生。他登基之后性情大变，和他父亲一样成为一名骁勇善战的德意志帝王，堪称疯狂。最终，腓特烈成为与亚历山大大帝、恺撒大帝和拿破仑等相提并论的军事伟人，甚至成为了后世拿破仑的楷模。

真相是什么呢？这个胆小怯懦、内向害羞的小男孩儿，为何能成为拥有钢铁般意志、享誉世界的帝王呢？这就是人格面具的力量。腓特烈的面具极具虚伪性，在长达几十年的时间里，他始终违背自己的本性，与自己所期望的样子背道而驰，残忍地压抑自己的本性。不得不说，作为德意志之父，腓特烈是成功的。但是作为一个人，腓特烈的人格是有着巨大缺陷的。他的一生，是极度隐忍的一生，是背叛自己的一生。虽然腓特烈最终依然走向了成功，但是倘若作为缺乏隐忍精神和能力的人，这么做的后果则是极其严重的。不但会造成严重的人格失调，甚至还会导致人不堪重负，最终做出过激的事情。

诸如，现代社会望子成龙、望女成凤的家长比比皆是。为了让孩子将来能够出人头地，父母们全都不遗余力地培养孩子，恨不得让孩子变得十全十美、无所不能。然而，有几个孩子是有着超常天赋的呢？大多数情况下，他们都不能做到那么完美，因而只能默默承受。前段时间，网络上流传的一则新闻中，一个孩子因为不堪学业重负和父母殷切的期望，选择了自杀。因为他无颜面对心切的父母，也无法面对不能让父母满意的自己。这就是人格面具过度发展的典型现象，也是现代社会的莫大悲哀。诸多孩子的离去让我们警醒，应该给孩子更多的发展空间，应该尊重孩子的天性，才能让他们更从容地面对生活。

如今，人格面具过度发展是一种很常见的社会现象，但是却没能引起大家足够的重视。当人格面具长期过度发展，就会扭曲人们的心理，让人们在重负之下最终选择放弃，甚至是结束生命。不得不说，这是一个莫大的悲剧。其实，每个人都应该学会帮助自己放松，即使真实的自己不那么完美，我们也应该更加坦然地接受自己、悦纳自己。

除了人格面具过度发展带来的严重负面影响之外，人格面具发展不够完全或者过于认同人格面具，都会给我们的生活带来意想不到的麻烦。既然人格面具是我们适应和应对世界的一种自我防护，我们就应该有意识地促进自身人格更好地发展，为我们的美好生活奠定基础。

心理课堂

在社会生活中，人格面具就像一把“双刃剑”，既能够给我们带来帮助，也会给我们带来伤害。作为一个人，我们必须保持心理健康，这样才能更好地发展自己，也能够随时随地自如地摘下人格面具，而丝毫不会觉得无所适从。常常面对自己的内心吧，只有读懂自己，你才能完善自己，提升自己，让人生得到升华。

第02章

深层次自我认知：确定你的人格类型

一个人具备几种人格？一种，两种，还是三种？心理学家给出的答案是无数种。如果你是一个拥有多重人格的人，那么你的身体里就相当于住进了无数个不同的灵魂。需要注意的是，这些灵魂并不因为共用一个身体就大同小异，现实情况是其彼此之间的差别就和两个人之间的差别一样大。不同的人不但性格、爱好、口音、字迹不同，即使对于相同的爱好，也会有完全不同的表现。这就是神奇的人。

和宇宙一样，你的小宇宙也有黑洞

在茫茫的宇宙之中，有无数个大大小小的黑洞。这些黑洞存在巨大的吸引力，吞噬着接近它的一切。因而，科学家把黑洞定义为：时空曲率大到连光都无法从其视界逃脱的天体。对于黑洞的贪婪和巨大能量，至今依然不能做出科学的解释。面对如此神秘莫测的科学现象，人类还很渺小，只能继续在科学探索的道路上不断前行。其实，我们的内心和宇宙一样，也有黑洞存在。因为我们的“小宇宙”中存在的黑洞是无意识的，所以其力量和引力也同样非常巨大。

在非洲的一个部落里，千百年来始终流传着一个神话传说。在这个部落里，男人们判断姑娘是否美丽的标准并非是她们的容貌，而是根据其脖颈上戴着的项链。为此，很多姑娘都追求漂亮的项链，并且以拥有漂亮的项链为荣。

部落里有个美丽的姑娘，叫艾玫。艾玫不但人长得美丽，而且非常善良，每天都辛勤地劳动。为此，部落里的很多强壮男子都追求艾玫。其他姑娘们看到了都很妒忌艾玫，因而想出了一个办法想要捉弄她。一天清晨，当艾玫像往常一样来到村外的小河边洗衣服时，姑娘们故弄玄虚地对她说：“艾玫，虽然你很漂亮，但是你的项链可不太好。如果你能跳进河里去找河神，你一定会拥有世界上最美丽、最独特的项链。”听到姑娘们的话，艾玫不假思索地跳进冰冷的河水里，潜到最深处。果然，有个黑洞出现在她的面前，一位奇丑无比、满脸脓包的老太婆就站在洞口。

老太婆对艾玫说：“姑娘，你真漂亮，你能抱抱我吗？”艾玫毫不迟疑地走过去，把可怜的老太婆紧紧地抱在怀中，丝毫没有嫌弃老太婆的意思。突然间，这个丑陋的老太婆变成了有着倾国倾城之貌的仙女。原来，她就是河神。为了回报艾玫无私的爱，河神果然慷慨地把一条特别美丽的项链送给了艾玫。让艾玫喜出望外的是，河神告诉她，这条项链不但漂亮，而且能够辟邪。就这样，戴着项链的艾玫成功地躲过了河里的妖魔鬼怪，很快就游回了岸边。看到艾玫的项链，其他姑娘的眼睛都亮了。未等艾玫解释什么，她们就全部扑通扑通地跳进河里，争先恐后地朝着河的深处游去。果然，她们也看到了丑陋的河神。但是对于河神提出的不情之请，她们毫不犹豫地拒绝了，还嘲笑河神是个丑八怪。这时，愤怒的河神恢复了其美丽的容貌，并且拒绝给这些姑娘项链。没有项链的辟邪功能护身，姑娘们全都被河里的妖魔鬼怪抓走了，再也没能游回岸边。

虽然这只是一个神话传说，但是其中隐含的寓意是非常深刻的。在每个人的内心深处，都有着这样一个黑洞。这个黑洞吸走了我们的人格面具，让我们内心自私贪婪等恶劣的品质暴露无遗。“河神”其实就是丑陋的、隐藏的人格，它捉弄我们，最终逼迫我们表现出自私的本性。因此，我们永远也得不到能够守护我们的项链。这正如同大家所说的，“人的一半是天使，一半是魔鬼”。

通常情况下，人们都愿意展示自己真、善、美的一面，哪怕是孤独的时候，也会避开自己邪恶的本性，对其视而不见。其实，不管是美好还是丑陋，都是人的不同方面。我们唯有坦然接受自己的一切，才能让自己变得更美好。所谓金无足赤，人无完人，我们不可能得到所有人的赞许，也不可能始终表现出最好的一面。当感到压力巨大时，当感到无法继续承受时，不如坦然面对自己，真诚对待自己，这样才会让自己感到更加轻松。

心理课堂

用唯物主义的观点来看，万事万物都有其两面性。同样的道理，人也是具有两面性的。我们只有坦然接受内心的邪恶，尽量表现出自己美好的一面，才能完善和提升自己。很多情况下，也许有些人并没有表现出任何邪恶，但是这并不意味着他的内心深处也一片光明。这就像是科学家所说的，“人人身上都潜藏着癌细胞，区别只在于有些人的癌细胞发作了，有些人的癌细胞则没有发作”。魔鬼的本性，也是我们与生俱来的基因。但是假如我们在成长的过程中不断地提高自己，让自己变得高尚，则魔鬼的本性也许永远不会展现出来。这就是成长的重要影响和作用。从现在开始，就让我们带着魔鬼的本性，努力修行自己吧！

一层层剥开，才是洋葱深藏的心

关于人的需求，美国著名社会心理学家马斯洛提出了著名的马斯洛需求层次理论。在这个理论里，马斯洛按照从低到高的顺序，把人类的需求像阶梯一样分为五种，它们分别是生理需求、安全需求、社交需求、尊重需求和自我实现需求。这是所有人都具有的五大需求，如何才能实现这些需求呢？途径其实很简单，即自我认知、自我接受、自我肯定、自我呈现，最终达成自我实现。毫无疑问，自我认知是满足一切需求的基础条件。每个人都自以为了解自己，实际上他们只是了解那个刻意展现在世人面前的自己，而从未深层次地剖析自己。在自我认知之后，接下来需要接受自己的一切。毋庸置疑，每个人都是有优点也是有缺点的，如果我们只是一味地接纳自己的优点，而无法坦然面对自己的缺点，那么我们就永远无法做到悦纳自己。纵观古今中外，那些成功人士无一不是能够接纳自己的人。因为唯有自我接受，才能实现自我肯定。而自我肯定则是每个人自信的源泉，也是人们战胜生活中接踵而至的苦难的动力源泉。

曾经，有位名人在哈佛大学演讲时说，“尽管我有结巴的毛病，但是我依然满怀自信地面对你们”。这位名人就是GE的前CEO杰克·韦尔奇。他很小的时候就开始结巴，但是这个看似致命的弱点，并没有阻碍他获得成功。他非常自信，这一切都来源于他能够坦然接纳自己的缺点。由此不难看出，自我认知是满足马斯洛五大需求层次的基础，也是最关键的一步。

诚如一位名人所说，这个世界上绝没有完全相同的两片树叶，更没有完全相同的两个人。即使是看起来长得极度相像的双胞胎，也有着巨大的差别，越是熟悉他们的人，越是了解他们之间的差别，因而从来不会把他们弄混。毋庸置疑，每个人都是完全独特的个体。每个人都像是一个洋葱头，只有层层剥开包裹的外皮，才能看到其辛辣刺激的“内心”。从呱呱坠地开始，每个人都是一个完全源于自然的生命体。随着不断成长，随着生活和社会经验的逐渐积累和丰富，我们的未来也渐渐变得更加明晰。正是在这样的过程中，我们逐渐形成了自身的各种价值观念，是这些观念让我们更加区别于其他的生命体。因而，我们必须坦然面对自己的层层需求。

很多年以前，心理学还没有发展到一定的阶段，因而那个时期的人们总是过于爱憎分明，哪怕是影视剧之中的角色也都是非黑即白。然而，时代发展到今天，人们越来越深刻地意识到即便是一颗洋葱剥到最后依然是坦荡的，各个洋葱的内在都是截然不同的。因而，让我们勇敢地剖析自己吧，只有透过重重叠叠的表象，我们才能更加清楚地认识自己。

很多人明知自己的内心并非如表象那样简单、纯粹和美好，但是他们却刻意回避深入探查自己。如果你问他人是否了解自己，是否认识自己，他们一定会毫不犹豫地点头。遗憾的是，当我们把他们的照片展示给各人看的时候，他们未必对自己那么熟悉和亲切。归根结底，人是有惰性的。他们也许会认真钻研一道数学题，或者会更加了解原本陌生的人，却从来不愿意多花一些时间深入了解和剖析自己。你是否也曾感觉到镜子里那张熟悉的脸，却又是那么陌生呢？！

有句话自古以来就刻在希腊达尔斐神庙的门楣上——认识你自己。这是一个真理，亘古不变的真理。有些人也许很强大，能够支配他人，却总也做不到坦然驾驭自己。只有当你做自己也游刃有余时，你才能坦然面对这个世界。由此可见，认识和了解自己，控制和驾驭自己，这是一件多么艰难的事情。

尤其是在现代职场上，很多年轻人都会遭遇事业发展的瓶颈。在这个时期，人们在工作中止步不前，根本无法突破自己，甚至误以为自己的事业就此要停在这个尴尬的时期。这个时期的人们不但困惑，而且自感乏力。为什么明明我们已经做得很好了，却不能取得质的飞跃和突破呢？！这是因为你对自己的不了解，导致你陷入了误区，走进了死胡同。通常情况下，当我们在一个行业工作七八年或者十年左右，瓶颈期就会出现。要想突破瓶颈，我们就必须理智的剖析自己，层层深入，直到真的到达心灵深处，了解自己。

心理课堂

在遭遇瓶颈时，我们总是不愿意听从别人的建议，也不愿意面对自己的内心。在这种情况下，我们必然把路越走越窄，导致自己变得闭塞，阻碍自我发展。但是，如果我们能够做到客观的剖析自己，理智对待自己的长处和短板，那么我们就能明辨是非，从而拓宽自己的人生道路。由此可见，像剥开洋葱一样层层剥开自己的内心，了解自己，认识自己，对于我们的人生是非常重要的。当然，要想完全摆脱出来是很难的，这就要求我们也要虚心接受他人的意见和建议，至少能够抱着心平气和的态度来对待他人的好意。实际上，每个人在人生之中都会遇到迷惘的阶段。只有用心，才能拨开乌云，洞察真相。

无意识也是一种意识

现实生活中，你是否曾经抱怨过生活的辛苦和工作的劳累？你是否曾经希望自己能够毫不费力就能完成诸多繁杂的事情，再也不必为此劳神？笔者只想说，假如生活真的只是接受无意识的引导，那么就会变得寡淡乏味，甚至会给你的生活带来无穷无尽的烦恼。

对于无意识，很多人都存在一种误区，觉得无意识是不会起到有效作用的。殊不知，恰恰是因为无意识，所以对人们的生活、工作影响更大。因为从本质上来说，无意识也是一种意识，而且是能够在不知不觉中控制和左右人们的强大力量。因而，千万不要小觑无意识的作用，它有些时候比有意识更加强大和可怕。

曾经，有个女士一直从事速写工作，因而她的右手异常敏捷。但是，速写工作非常辛苦，因而她不止一次在做礼拜时向上帝祈祷，请求上帝能否让她拥有分身术，这样她就可以一边不知辛苦地工作，一边做些自己想做的事情。被她絮叨得久了，上帝颇有些烦恼，因而想出了一个好办法：让这位女士的右手能够摆脱她意识的控制，主动自发地从事速写工作，而她的左手则可以做些她想做的事情。就这样，这位女士如愿以偿地实现了她的愿望。

在接下来的时间里，她的右手变得不知疲倦，总是不停地速写。而她的左手呢？可以绘画，可以泡茶，可以做很多她想做的事情。然而，一个月过去了，这位女士又来到教堂，再次愁眉苦脸地向上帝祈祷：“万能的主啊，请你收回我的分身术吧。”上帝愤怒地问：“拥有分身术，这不是你梦寐以求的吗？为何现在才过去一个月，你就反悔了呢？”女士懊恼地说：“因为我不但坐公车的时候在其他乘客的背上速写，就连酣睡之中都不停地在我老公的脸上速写。如果我继续这样下去，我的整个人生都会被毁掉啦！”上帝哈哈大笑，收回了她的分身术。

这虽然不是一个真实的事例，但是却告诉我们一个深刻的道理，即一旦人生被无意识主宰，虽然省去了我们思考的痛苦和自制的烦恼，但是也平添了更多的烦恼，且会给我们的人生带来大麻烦。事例中的女士如果一直不能控制自己的右手，则和失去了右手无异。如果我们整个人生都被无意识所掌控，那么我们又与从未拥有人生有何区别呢？！

需要注意的是，无意识并非我们通常所理解的那样——什么也不想，让整个大脑都处于空白状态。从本质上来说，无意识也是一种心理活动，只不过这种心理活动的过程隐藏很深，短时间内很难为意识所觉察而已。因此，还有很多无意识活动处于被压制的状态，一旦变得鲜明起来，就会与其他有意识的活动形成强烈对比。换言之，如果有一天你无意识中的自我彻底觉醒，你将会变得连自己都不认识自己。

生活中，还有很多人总是处于矛盾和纠结之中，这也会导致无意识的出现。诸如，你的心里有两个完全相反的声音，一个声音告诉你应该做某事，而另一个声音则坚决反对你做某事。长此以往，你就会出现无意识，而此刻的无意识恰恰代表了你内心深处最深的彷徨。

很多人格分裂症患者，正是因为这样才导致精神崩溃，使一个人格衍生出两个甚至更多的人格。这些人格如果不能分出主次，甚至经常发生争辩，那么无意识就会逐渐变成明确的意识，导致人格彻底分裂。当一个人拥有两个平分秋色的人格时，其实同一个肉体内已经拥有了两个完全不同且各自独立的灵魂，变成了共同拥有一个肉体的两个人。不得不说，这是人心理上的巨大畸变。

心理课堂

要想让无意识乖乖地待着，不给我们的生活捣乱，我们就应该从心理上使自己获得统一。归根结底，当长久的对立和矛盾出现在同一个人身上时，人格分裂的可能性就会变得更大。在生活中，每个人都难免会遇到难以逾越的障碍和困难，一味的着急是没有用处的，我们只有耐心地解决自己的心理矛盾，不要使问题激化和恶化，才能有效避免心灵裂痕的出现，才能赶走给心灵带来伤害的阴影。尽管有意识的生活是艰难而又困苦的，但是生活恰如一辆高速行驶的列车，如果你作为司机，手却松开了方向盘，则生活一定会把你带到更加未知的地方。人生的魅力，其实恰恰在于掌控。

人格分裂与大脑分裂的不同

究竟什么叫人格分裂呢？人格分裂有何表现呢？用一句通俗易懂的话来说，人格分裂就是两个完全不同的灵魂住在同一个肉体内。其共用一个肉体，却不会同时出现。当至少有两个人格轮流出现时，后者并不知道前者在使用肉体时做了些什么事情，因而也无法对前一个人格使用肉体时的所作所为负责任。这听起来有些匪夷所思，但是却是真实存在的。不管是从生理学还是从病理学上讲，人格分裂症的病因都还不明。的确，当同一个人拥有完全不同的记忆、性格、喜好和习惯时，不了解其中内情的人压根儿不知道如何面对这样的情况。我们只能说，人类对于潜意识的认知还不够多，而人格分裂涉及的各种知识中有很多都是人类未曾涉足的领域。

在金庸的《射雕英雄传》中，老顽童周伯通可以一心两用。他可以让自己的右手和左手博弈，这尽管听起来很神奇，但是还并非完全不能理解。其实，人的左右手是由大脑不同的区域控制的，因而这两个不同的神经中枢可以独立运作。从这个角度来说，人格分裂貌似更容易理解一些了。即控制人们大脑中的不同神经中枢完全独立了，不能兼容地存在。

很多人都知道癫痫这种疾病，也就是民间所说的羊角风。癫痫患者发病的时候，自己根本不能控制自己，而是倒在地上，口吐白沫，浑身抽搐。而对于癫痫症状的缓解，到现在为止依然没有非常有效的方法，因为不管用什么药物，总是很难到达控制人们发病的大脑区域，更无法改变神经中枢的症状。著名的神经心理学家斯佩里对癫痫患者进行了深入研究，最终决定采取一种可怕的方法治疗癫痫。他切开患者的大脑，将连接患者左右脑的神经纤维“胼胝体”切断，这样一来，位于大脑一侧的病态所产生的神经电波就能被有效阻断，无法传导到大脑的另一侧。毫无疑问，这个手术是极具风险的，在当时更加不可想象。出乎意料的是，当斯佩里真的运用手术的方法为重度癫痫患者治疗之后，效果居然非常明显，而且病人的智力等没有受到显著影响。然而，手术后该患者的大脑产生了分裂，其左右脑之间失去了交流的途径。大家都知道，人的左右脑分别管理不同的人体功能，这必然导致人的左脑和右脑得到的信息无法有效传递，因此产生了分裂。不过，大脑分裂的人其人格并没有发生改变，也没有产生分裂。由此可以看到，大脑分裂和人格分裂之间，并没有绝对的必然联系。

实际上，即使在正常人之中，大脑分裂的人身上存在的思维分裂现象也很常见。诸如，很多女性朋友可以一边看电视一边织毛衣；有些司机一边开车一边聊天。难道每个人都是人格分裂患者吗？当然不是。只能说，我们对于人类大脑的探索之路还很长。

心理课堂

人的左右脑分工是非常明确的。右脑只负责图像化功能，对于很多难以解决的问题，左脑能进行高级思维，从而尽量解决问题。随着人们对大脑的探索逐渐深入，越来越多的人意识到开发右脑功能的重要性。很多人都把右脑称为创造脑、艺术脑、潜意识脑、本能脑等。和右脑相比，左脑则被称为意识脑、学术脑、语言脑等。甚至有人以为，左脑的逻辑思考能力与右脑完全没有关系。实际上，作为全球切开大脑的诺贝尔奖获得者——斯佩里，在进行癫痫病的手术治疗时切断了患者左右脑之间的连接，并且证实了人的右脑也是具备一定思考能力的。正是斯佩里提出了两个脑的概念，为人类研究人脑的工作往前推进了一大步。

多重人格的烦恼和困惑

如果你在生活中看到一个人，原本根本不会做饭，却转眼之间变成了星级大厨；原本五音不全，却突然间引吭高歌；原本不会游泳，却在危急时刻下河救人……而这些千奇百怪的角色，又都出自同一个人。千万不要感到奇怪，他只是患了人格分裂症而已。

通常情况下，人格分裂指的是双重人格，但是心理学家和神经心理学家经过不断研究已经证实，一个人可以存在多重人格，即有很多不同的灵魂共同存在。最多的有过一个人的人格分裂成20多个人，这些人格彼此独立，各不相同，甚至常常产生分歧。这简直让人抓狂，然而除了接受，还能怎么办呢？大多数人格分裂患者，都曾经有过不愉快的生活经历，或者受到过强烈的刺激。他们经受心理上的煎熬，处于长期矛盾之中，最终产生裂变。

在英国伦敦南部克罗伊登市生活的金·诺布尔，是一位47岁的单身母亲。她的体内存在着12种各不相同的人格。因而，她经常要承受1个人变身12个人的烦恼和痛苦。毫无疑问，诺布尔的精神压力非常大，简直难以承受。究其原因——她人格分裂的原因，就是因为小时候曾经遭受虐待。在她14岁的时候，她就被确诊患有精神疾病，但是直到20年后，精神科医生才确诊她患了多重人格分裂症。

在为布诺尔进行多项检查之后，伦敦大学学院记忆专家约翰·摩顿教授认为她的“多重人格分裂症”异常严重。对于布诺尔身上表现出的不同人格之间的巨大差异，甚至有的人格完全与其他人格毫无关联，摩顿教授感到十分惊讶。尤其是在其中一个人格突然掌控布尔诺的肉体时，布尔诺甚至会出现严重的昏厥。对于多重人格分裂症这一事实，有些人知道但是拒绝接受，有些人则压根儿不知道，甚至完全没有意识到其他人格的存在。知道自己的病情后，诺布尔觉得感觉好多了，毕竟她那么多的奇怪举动都有了合理的解释。在诸多医学专家的指导下，和诸多医学志愿者的建议下，诺布尔开始尝试着学习应对这种举世罕见的怪病。为了放松自己、舒缓压力，诺布尔接受了艺术治疗师麦考伊的建议，开始学习绘画。结果证实，诺布尔具有非同寻常的绘画天赋，而且最让人感到惊讶的是，她体内的12种人格居然个个都是绘画的天才。这12种人格个性独立，各不相同。在绘画方面，有的画风明朗活泼，有的画风非常抽象犹豫。有种人格还对雕塑情有独钟。其中，有种人格叫本尼，是诺布尔的女儿最喜欢的母亲形象之一。本尼的画风色彩鲜明，看起来充满了积极向上的力量。在诸多人格中，有种人格最为特殊，她没有名字，唯独喜欢用黑色的颜料画很多赤身裸体的儿童，而且这些儿童都被蒙着眼睛，看起来非常痛苦。诺布尔知道，这种人格拥有她小时候被虐待的深刻记忆，总是难以摆脱。

总而言之，每当不同的人格控制诺布尔的思想时，她就会创作出不同的画作。而当诺布尔再次取得对思想的控制权后，她总是难以回忆起关于那些人格的行为。有一次在参加绘画比赛时，诺布尔甚至被批准代表五名参赛者。而当诺布尔举行画展时，就像是有12个不同的人在展示其各自的作品。如今，她的作品已经在欧洲各国的美术馆中展出，赢得了绘画界的一致赞誉，她的作品还被很多人购买和收藏！

虽然多重人格让诺布尔感到非常烦恼和困惑，尤其是这些人格彼此独立、互不干扰，也让诺布尔感到压力倍增。特别是当不同人格轮番上阵时，彼此之间根本不知道其他人格控制精神时发生的事情，可想而知她的生活是多么混乱。然而，诺布尔也是有很大收获的，因为她就像是同时分身为12位独具天赋的画家，自己一个人就能举办精彩的画展，就连比赛都能获得五名参赛资格。不得不说，这是一件很神奇的事情，让每个人都深感惊讶和难以置信。

在深受孩子们喜爱的动画片《花仙子》中，花仙子随时随地都能根据需要改变自己的角色，让自己成为无所不能的化身。而多重人格分裂患者，虽然不能随心所欲地变换人格，角色却和花仙子一样不停地处于变化之中。不过，现实并不总是美好的，有些人格分裂患者，在自己不知情的情况下，因为被邪恶的人格控制，做出了触犯法律的事情。不得不说，这样的行为是必须加以制止的，对于这样的人格分裂患者，也是需要其身边的人多加注意和控制的。

心理课堂

很多多重人格患者最初患上人格分裂都并非因为偶然，而是因为曾经遭受的悲惨经历和非人待遇。尤其是心灵的畸形，更加容易导致他们人格的分裂。在这种情况下，我们必须深入探究他们得病的原因，才能更好地帮助他们面对生活，增强自信心。

无处可逃的人生注定无处安放

多重人格的产生大多数都与其童年时期的悲惨经历有关，尤其是曾经遭遇性侵害的儿童，患上多重人格的概率将会成倍增长。其中，多重人格的患者中男女的比例为1∶9，这也许是因为相比男孩儿，女孩儿更容易受到性侵害的原因。和成年人相比，孩子们的认知主观性很强，大多数孩子在受到伤害之后，很少客观地寻求解决问题的办法，而是从主观上对现实产生逃避心理。他们总是不切实际地幻想着事情从未发生，或者至少没有发生在自己身上。长此以往，这种自我欺骗就会使患者产生记忆紊乱，并且，还会把自己不愿意接受的、曾经受过伤害的自己分离出去，由此形成人格分裂。从心理学的角度来说，人格分裂实际上是一种自我保护机制起作用的结果。只不过，这种保护有些过度了，是非常极端的形式，由此也可以看出其曾经受到的伤害是多么严重，严重到其无法承受，不得不将伤害进行剥离。

凯瑞是一个有着三重人格的女性患者。凯瑞自身是很胆小怯懦的，在受到伤害的时候，她除了隐忍和焦虑之外，只能陷入深度的抑郁之中，而丝毫不敢反抗。她很喜欢依赖他人，从来不相信自己的力量，是个软弱的女人。凯瑞的第二种人格叫玛丽，玛丽是个个性倔强而又偏执的人。玛丽从来不知道另外两个人格的存在，做起事情来总是特立独行。而最狡猾的就数第三种人格——茜拉了。茜拉心眼儿很多，心思缜密。她对凯瑞了如指掌，而且对于玛丽的存在也有一定的了解。凯瑞的三重人格到底是如何出现的呢？为了弄清楚玛丽和茜拉的出现，心理治疗师对凯瑞进行了深度催眠。

原来，玛丽是在凯瑞12岁的时候分裂出来的。当时，年幼的凯瑞亲眼目睹了母亲和其他男人的不轨行为，因为她愤怒地用枪“杀死”了母亲。

实际上，她当时只是情急之下有这样的想法，但是并没有做出切实的举动。但是，玛丽却始终坚信自己已经杀死了母亲。在凯瑞生孩子的时候，因为父母告诉她丈夫出轨的事情，所以凯瑞非常愤怒且伤心欲绝。她产生了杀死丈夫的冲动，由此分裂出茜拉。因而，茜拉始终认为自己已经杀死了丈夫。

从凯瑞的经历中我们不难看出，人格分裂的诱因，往往是一个人的内心遭到了惨痛的伤害，而且内心深处有着深刻的难以调和的矛盾。最让人感到害怕的是，这个纠结和分裂的过程，往往是在无意识的状态下完成的，患者本人很难意识到。从这个角度来说，人格分裂实际上是人的潜意识面对伤害和极端压力的一种保护机制。因而，那些不能很好地处理自己内心情绪和感受的人，患人格分裂的可能性更大。形象地说，人格分裂就是人的潜意识通过人格增生的方式，为自己营造的一个避风港。

毋庸置疑，和残忍地面对伤害相比，逃避伤害则简单易行得多。虽然这种行为有不负责任的嫌疑，但是逃避的轻松换来的后果也是非常严重的。因而，我们在现实生活中一定要多多注意，当孩子遭受巨大的创伤时，作为父母要帮助孩子勇敢面对；当我们自己的内心遭遇难以承受的伤痛时，即使很艰难，也要学会勇敢面对。医学发展至今，依然无法很好地治疗人格分裂，症状的减轻也不那么明显。实际上，人格分裂的治疗方法，并非是杀死其他的人格而只保留一个人格，而是把几个人格综合起来，让其得到统一。因而，我们只能更加关注自己的内心，注意调整忧郁的情绪，这样才能避免人格分裂的发生。

心理课堂

在心理学领域中，对于人的潜意识、意识和人格的认知，还不够全面和深入。因而，对于人格分裂患者的治疗也很难做到立竿见影。这完全不

同于生理上的疾病，可以明确地做到有的放矢。大多数情况下，心理疾病只能通过疗养，而无法快速治愈。不管发生什么事情，逃避都不是彻底解决问题的方法。从现在开始，就让我们更加努力地面对现实吧！

自我的裂变，让你逐渐不认识自己

很多人都以为人格分裂只是性情的改变和很多情况下性格的不统一。殊不知，人格裂变之后，不同人格之间的差异之大，完全不逊色于现实生活中两个完全不同的人之间的差异。人格裂变之后，不同人格的性格、爱好、口音、兴趣，甚至连性别都会发生改变，这让人听上去是多么匪夷所思啊！即使对于同一爱好，不同的性格也会有截然不同的表现。因而，很多人人格裂变之后，往往对于增生出来的人格完全陌生，甚至根本不能认同和接受这个人格也是自己的一部分，由此陷入痛苦的深渊之中无法自拔。

年幼的时候，米亚就失去了亲生父亲，不得不和母亲相依为命。后来，母亲带着米亚改嫁，而继父却是个人面兽心的家伙。米亚12岁时，继父就开始对她实施性侵害，而年幼的米亚因为害怕，在母亲面前从来不敢提及此事。直到米亚的肚子一天天大起来，母亲在知道了真相后，为此痛不欲生。

后来，母亲果断地带着米亚离开那个邪恶的男人。从此，母亲几乎全心全意地扑在米亚身上，只想帮助米亚走出阴影。然而，母亲渐渐地发现，米亚常常陌生得让她不敢相认。原来，米亚在长期的隐忍和恐惧中，患上了人格分裂症。增生的人格蒂娜是个性情暴烈的人，与逆来顺受的米亚截然不同。每当蒂娜占据米亚的身体，就会对母亲极度排斥。甚至有一

会都满心怨恨。因而，我们在生活中应该多多留意自己的心理动态，而且还要更多地关注身边的人，避免不良倾向的发生和演变。

静静是个非常内向文静的女孩儿，也很自卑柔弱。从小，静静生活的家庭环境就不好，因为她的爸爸是个酒鬼，而她的妈妈则是个怯懦的女人。每次她的爸爸喝醉了酒，总是搅和得家里鸡犬不宁，而静静和她的妈妈不是挨打就是挨骂，简直觉得家变成了人间地狱。就这样，静静在毫无安全感的家庭环境中长大，变得非常自卑胆怯。

后来，静静开始上学了，虽然学习成绩很好，但是依然觉得自己抬不起头来。她总是觉得身边的每一个人都知道她有一个酒鬼爸爸，都知道她有任何事情都不能指望酒鬼爸爸为她当家做主。静静性格内向，几乎很少说话。有一次，静静被老师留在学校办黑板报，没有时间回家吃晚饭，她的爸爸就给静静送来了晚饭。当时，静静家里的生活条件很艰苦，一日三餐都吃得很简单，不过她的爸爸却给她送来了一张夹着肉丝的饼，还有一盒八宝粥。然而，当静静看到她爸爸的时候，觉得很生气。原来，爸爸是喝得醉醺醺后来的。静静恨不得找个地缝钻进去，她为有这样一个爸爸而觉得耻辱。同桌问她：“静静，原来你爸爸是医生啊？”静静小声的“嗯”了一声，就再也没有说话。渐渐地，静静的性格越来越孤僻，很多处得要好的同学会相互邀请去家里玩儿，但是唯独静静和每个同学的关系都很疏远，也从来不会邀请同学到家里玩儿。直到长大成人，静静的性格依然非常孤僻，和同事们的关系无法处得很好。因此，严重影响了静静的生活和工作，使她感到非常苦恼。

在这个事例中，静静因为极度的自卑，变得非常敏感多疑。她之所以封闭自己，不愿与同学相处，更不敢邀请同学去家里玩儿，就是因为害怕同学们知道她有一个酒鬼爸爸。的确，每个人在年幼的时候都要倚靠爸爸妈妈的保护和照顾，尤其是爸爸，更是以家庭顶梁柱的身份出现。如果在一个家庭里，爸爸是不能倚靠的，甚至还给家庭生活带来不稳定因素，则孩子的成长一定会受到影响，不但缺乏自信，而且会时常感到不安。

对于任何人而言，人际交往都是必不可少的。我们不但通过与人交往来发展情谊，帮助自己摆脱孤单，也通过与他人的交流和沟通获取很多有用的信息。尤其是在信息大爆炸的现代，如果一个人总是生活在闭塞的环境中，后果简直不堪设想。从现在开始，就让我们信任他人，打开自己的心扉吧！相信，你一定能行的！

心理课堂

并非所有的内向孤僻者都患有精神分裂症，然而，更好的人际关系和生活状态，显然能够帮助人们及时舒缓郁闷的情绪，让人们不再固执、偏激，而是变得开朗豁达。因而，我们在生活中一定要多多关注自己的心理状态，如果有不愿意与人交往的情况出现，必须要引起我们足够的警惕。人，脱离了社会的群体，是无法很好地生存的。从这个意义上来说，我们应该打开心扉，接纳并且融入整个世界。

只有自己才值得信任，才可以依靠

早在远古时代，我们的祖先原始人就已经习惯了群居生活。他们组成群体，一起在山洞里狩猎、采摘、取暖。那个时候，因为生产工具十分落后，仅靠个体的力量根本无法在残酷的自然环境中生存下去，因而他们必须彼此依靠，团结协作。而且，原始人也开始进行分工，诸如男性出去狩猎，女性则留在家里采摘野果，照顾家人等。只有融入集体之中，他们才能获得真正的安全感，这也是我们的祖先能够在极端恶劣的自然界中生存下来的原因。

现代社会显然不同于原始社会，不但生产工具越来越多种多样，越来越先进，而且科学技术也在不断地发展。随着文明的进步，人们在生活水平大幅提高的同时，人际关系也变得更加复杂。如果说原始人只知道拥挤着取暖，那么现代人则更加讲究保持适当的距离，给予彼此更多的空间。不得不说，人们彼此之间相互依靠的关系变得越来越淡漠了。缺乏安全感成为现代人时常挂在嘴边的话题，因为越是在人群之中，人们越是无所适从。那么，怎样才能获得安全感呢？有人说钱能给人安全感，有人说感情能给人安全感，也有人说安定的社会环境才能给人安全感。这些答案都对，却又都不全面，因为单纯从某一个方面，一个人很难获得真正的安全感。真正的安全感，实际只来源于我们的内心。

对于一个内心强大的人而言，即使外界的环境再怎么恶劣，也无法让其屈服或者放弃，因为他坚信凭借自己的力量和不懈的努力，最终一定能够改变命运，创造美好的生活。与此恰恰相反，假如一个人虽然拥有很多，却惶惶不可终日，那么是无论如何也不可能获得真正的安全感的。当然，我们所说的安全感并非是唯心的。根据马斯洛的需求层次理论，要想获得最基本的安全感，首先必须保证生存条件得到满足。就像生活不能脱离柴、米、油、盐、酱、醋、茶一样，安全感的获得同样需要由低到高，渐次获得。此外，物质上的安全感和精神上的安全感不能完全相互替代，但是却能互补。古今中外，有多少出身贫寒的成功人士，最终之所以能够取得成功，正是因为他们用精神上的追求弥补了物质上的匮乏。再举个简单的例子，很多女性朋友一旦失恋，就会选择去购物或者吃东西，来填补内心的空缺。这其实是完全合理的科学现象。

和普通人不同，大多数的精神分裂症患者更加缺乏安全感，而且这也正是导致他们产生精神分裂的原因。由此可见，我们要想避免精神出现异常，首先应该让自己拥有安全感，让自己的内心在安全的层面上感到满足。遗憾的是，很多精神分裂患者并不能准确认识自己的精神状态，而又因其精神世界的动荡不安，与外在的世界形成鲜明的对比，因而使得他们更加困惑地面对自己。最终，很多精神分裂患者选择只相信自己，这让他们变得无比偏执。

作为正常人，在面对精神分裂患者时，一定会感到非常害怕。然而，你所不知道的是，当你害怕时，其实他们自身会感觉到面临更大的危险。因而，他们做出攻击行为也就不难理解。要想与他们建立友善的关系，最重要的就是先帮助他们建立对外界的信任，这是他们接纳外界事物的唯一办法。从现在开始，就让我们更加关注这个内心惶恐的群体吧，满足他们的安全感，才能让他们 真正对外界打开心扉，接纳和拥抱整个世界。

心理课堂

既然精神病患者攻击他人的行为并不是出于恶意的伤害，而只是为了保护自己，那么我们也就应该更加宽容地对待他们，以更多的爱和理解打开他们的心扉，赢得他们的信任，走进他们的内心深处。精神病患者的安全感是非常缺乏的，他们常常觉得整个世界只有他们自己可以依靠，而关爱恰恰是帮助他们建立安全感的重要环节。

这个世界上根本没有绝对的完美

尽管大家都知道这个世界上根本没有绝对的完美，但是生活中的完美主义者还是随处可见，而且有些人的完美主义情节还非常严重，已经达到了让自己寝食难安的地步。例如，有些孩子在写作业的时候，一旦发现写错了一个字，就会把整页纸都撕掉，直到最后，本子也许只剩下封面和封底。不能容忍一页纸上哪怕一个小小的错误和修改，这是完美主义的表现。有些女孩儿在选购服装的时候，必须要找到那种能够让自己在第一时间里怦然心动的衣服，而且怎么看都挑剔不出毛病来，这同样也是完美主义作风。如果把这种要求拓展到寻找男朋友的事情上，只怕她只能当个女光棍儿了！有些职场达人们，不管做什么文案，都希望达到尽善尽美，让客户百分之百满意，其实这是很难的，因为你毕竟不是客户肚子里的蛔虫，不可能时时刻刻都按照客户的想法去做，百分之百地实现。退一万步说，即使我们是帮助自己去做一件事情，那么真正实现的结果和理想之间也是有着巨大差距的。由此一来，在装修的时候就不要抱怨设计师无法达到你的要求啦！因为设计师毕竟是人，不是神，就算是给自己家装修，也难免会有不满意的地方，更何况设计师要把客户各种各样的奇思妙想融入自己的生活！

看到这里，你是不是在暗自窃笑，因为你觉得你完全可以对号入座，这简直就是在说你嘛！没错，这个世界上有千千万万个像你一样的完美主义者，正在遭受着和你相似的烦恼的折磨。我们不能简单地判定追求完美是错的，毕竟只有志向高远，结果才能更加贴近我们的设想。然而，凡事过犹不及，如果你因为过度追求完美，导致自己心神不宁、情绪冲动，那么你就是病态啦！病态的完美主义者是非常固执和偏执的，对于他们认定的完美，他们总是奢望不打折扣地实现，而一旦一件事情与他们的理想有所出入，他们就会觉得万分烦恼。实际上，生活中并没有那么多原则性的问题需要我们坚持，对于那些普通而又平常的小事，我们只要怀着顺其自然的心态就好了。

自从爷爷奶奶回老家之后，家里的地板就越来越干净。原来，妈妈几乎每天都要拖好几次地，有的时候甚至早晨拖地，晚上也要拖地。这是妈妈的洁癖吗？其实，妈妈也算不上有洁癖的人，她只是希望当阳光照射在地板上时，可以看不到那些水渍、污渍等。

爷爷奶奶在的时候，妈妈总觉得家里的地脏兮兮的，但是因为人多，也不能过度苛求老人把地板搞得一尘不染。现在，妈妈则越来越变本加厉，恨不得把地擦得可以用嘴去舔也不觉得脏。然而，居家过日子，这么干净的地板简直是个负担。爸爸和豆豆每天都心惊胆战地踩在地板上，生怕一个不小心留下痕迹。甚至连打个喷嚏，他们都得忙不迭地捂住嘴巴，生怕唾沫星子飞到地板上。

有一次，叔叔带着他的孩子来家里做客，刚刚进门，那个孩子连拖鞋都没换就飞奔上床了。妈妈顿时大惊失色，叔叔也觉得很不好意思。看着原本干净如镜的地板上一个又一个大黑脚印，妈妈简直心疼极了，正当叔叔教育他孩子的时候，她就拿着拖把开始拖地。为此，叔叔觉得脸上挂不住，当即就带着孩子告辞了，原本让人高兴的聚会最终不欢而散。后来，爸爸和妈妈吵架，责怪妈妈不该拿着拖把把客人"赶走"。妈妈很委屈地说："你也希望家里干干净净的啊？！"爸爸生气地说："但是也要分时间和场合啊！现在是客人刚进门，你就开始搞地面卫生。你这样，下次谁还敢来咱们家做客呢？！"

虽然只是为地板的干净问题，却导致爸爸和妈妈爆发了一场家庭大战。妈妈由于过分追求地板的干净，因而等不及客人告辞，就开始清理地面。无疑，这会让客人觉得很难堪，感受到自己是不速之客，不受欢迎。尽管妈妈再怎么解释，事实也已经无法更改。如果妈妈不能很好地控制自己对于地板的打扫和清洁，也许渐渐就会成为病态的完美主义者。当然，妈妈的完美主义仅仅是针对地板而言，也许是和爷爷、奶奶共同生活的这几年，她实在渴望恢复干净的地板很久很久了吧！

日常生活中，人们不可能时时刻刻都是完美主义者。大多数人的完美主义情节，也许会在某一个方面表现得比较明显。因而，我们可以适度控制自己。例如上述事例中的妈妈，在忍不住想要打扫其实很干净的地板时，不如冷静下来想一想，也许一切并没有想象中那么脏，地板上有根头发又有什么关系呢？就让它在那里安静地躺着好了，完全可以等到次日清扫的时候再处理啊！否则，如果一天24小时盯着地面，但地面总会随着人们行动而渐渐变得肮脏，那么一天就什么也干不了了，只能不停地打扫地面。

心理课堂

所谓病态完美主义者，实际上其追求完美已经达到了无法自制的程度。他们非常容易走极端，容不下任何瑕疵的存在，也因此他们活得特别累。更因为对自己的不断否定和持续提出更高的要求，他们往往看似高傲，实则非常自卑和胆怯。大多数不断追求完美的人，其实都缺乏自信，否则他们就不会那么在乎他人的赞美和评价，也不会过于吹毛求疵。当生活陷入过度追求完美的怪圈，人们就会平白无故地增加很多负担。例如，有些人觉得家里就应该稍微乱一些才更有生活的气息，而病态完美主义者则会一遍又一遍地收拾家里的物品，总觉得每件东西都必须放在固定的地方，丝毫不能错。很多时候，过度追求完美还会导致强迫症状的出现，使得人们根本不可能认为自己已经完美地完成了某一件事情。

不完美的人和事到处都有，不多你一个

经常看言情剧的朋友们会发现，很多角色都是病态的。例如在一场恋爱中，原本倾心相爱的人因为一厢情愿的单相思，不得不遭遇重重磨难。原本，他们的爱情应该是非常甜蜜而又顺遂的，却因为那个偏执的单相思，怀抱着“得不到，就毁灭”的思想，不停地在他们的生活中作梗，导致他们根本无法面对彼此，而且误会连连。甚至有些感情深厚的情侣，也因此产生误解，最终分道扬镳。由此可见，变态的完美主义真是害人不

浅，它使人们变得异常偏执，根本无法接受人生的些许瑕疵。

其实，这个世界上根本没有绝对的完美，也不会因为多个你努力争取的完美，就有多大的改变。既然如此，我们为何要与自己较劲呢？！在这个世界上，每个人都是完全独特和独立的个体，有理由拥有和保留自己的个性。因而，聪明人不会处处苛求自己，更不会违背本性勉强自己。他们顺其自然地对待人生，也从容坦然地接受不完美的自己。否则，一旦完美主义者陷入对完美的病态追求中，当对自己有着诸多不满意却无法改变时，就很有可能采取极端的手段和方式，最终导致自己濒临崩溃的边缘。诸如张国荣、三岛由纪夫，都是在人生的巅峰时段遭遇发展的瓶颈，因为无法突破自己，最终选择自我了断，“解放”痛苦的心灵。

大学毕业后，林刚虽然没有考上研究生，但是拥有了一份人人羡慕的工作。对此，大家都以为他一定很知足，却不承想他始终为此而烦恼。他的理想是考上研究生，然后读博士，进入中科院工作。无疑，这是一条辉煌的路，却不会因为他主观的渴望就能轻而易举的实现。

进入公司之后，林刚工作上很努力，却始终郁郁寡欢。有一次，林刚负责策划的广告方案还在全国的比赛中获奖了，这让他更觉得自己才华横溢，如此下去注定要被湮没。为了改变命运，林刚开始一边工作，一边复习考研。经过半年多的努力准备，他信心十足地参加了考试，最终的结果却让他大失所望，他居然有门课程不及格，这岂非是对他的最大侮辱吗？！

带着这份不理想的成绩单，林刚只好再次回到公司工作，也不敢向任何人提起这次经历。然而，他心中始终惴惴不安，觉得自己是个很差劲的人。有一次，他看到两个同事在咖啡间窃窃私语，就认为他们一定是在说自己考研落榜的事情，因而心情非常失落。最终，林刚选择辞职，回家之后也没有信心继续找工作，窝在家里半年之久，才找到了一份不那么合心意的工作。

因为一次考研失败，林刚没有珍惜到手的工作机会，这可是一个人人都羡慕的工作啊。难道学历高就一定能够与众不同吗？相比有很多现成的研究生，也在苦苦寻觅合适的工作机会，林刚简直是不珍惜到手的幸福啊！在边工作边考研失败之后，他更是一蹶不振，于是选择辞职，彻底失去了这份好工作，损失不可谓不惨重。

其实，每个人都想要追求完美的人生，但是人生本来就是不完美的。人总是存在各种各样的缺点，一个人身上不可能总是优点。至于命运的河流，更是不知道会把人带到哪里去，让人们在波峰和波谷之间，感受到无穷无尽的苦恼和遗憾。既然不完美才是生活的常态，从现在开始，就让我们更加努力地生活吧，也更加坦然地接受不完美的自己和不完美的人生！

心理课堂

凡事都有轻重缓急和主次之分。对于完美主义者而言，时间和精力也同样是有限的，因而永远不可能做到面面俱到。我们应该抓住主要矛盾进行解决，而不要一味地盯着事情的细枝末节。否则，我们的精力就会被分散，最终舍本逐末，结果反而不会好。

当你被自己强迫得无法自制时

过于追求完美，会让我们的思想陷入被强迫的怪圈。例如，前文事例中的妈妈追求地面的一尘不染，因而只要她待在家里，一整天都会盯着地面的卫生，导致她根本没有办法放松下来享受美食，因为她担心把地面弄脏。这只是行为上的强迫。还有些完美主义者常常陷入思维上的强迫，他们无法控制自己的思维，不停地想着自己在乎的某一件事情。你是否曾经因为第二天要去马尔代夫旅游，因而兴奋得彻夜难眠，虽然理智告诉你应该早一点儿入睡，以备次日的长途飞行，但是你的思维就是不受控制，你不停地想着到达马尔代夫之后的美好旅行。当然，这样的情况在现实生活中时有发生，尤其是第二种情况，是因为兴奋导致的刺激，使得人们没有办法恢复平静。但是如果这些情况在同一个人身上反复出现，那么就与强迫思维和强迫行为扯上关系了。

用一个例子来诠释强迫症患者是再形象不过的。例如，突然间你拥有了99个金币，你会做什么？大部分正常的人都会幻想着去买房子、土地、漂亮的衣服和美食，然而强迫症患者的答案却让人啼笑皆非——“我只想再得到一个金币，这样就够100个了”。为了凑足100个金币，在拥有99个金币之后，他的生活远远不如曾经一贫如洗的时候那么单纯和快乐，他甚至会强迫自己由此陷入欲望的深渊，无法自拔。

生活中，很多人都认为自己有强迫症。因为他们在去上班出门之前总是要数次检查门窗是否关好，甚至有的时候走到半路了，还会折返回家看看燃气开关是否已经关好。还有些强迫症患者，即使吃一餐简单的饭，也一定要有干净整洁的桌布，让他们在野外就餐是绝对不可能的事。实际上，既然以“强迫症”自诩，就千万不要抱着无所谓的态度。因为所谓“症”，大多数都是病态的，都是会给人们的正常生活带来负面影响的。很多有洁癖的人，也有强迫症的症状。他们每天都要洗手数次，每次洗手都要至少打三遍肥皂，才能放心。曾经，一位护士在外出住宾馆的时候，不仅自己随身带着床单、被罩等，甚至在打开宾馆的门时，还要用卫生纸巾包住门把手。当然，对于卫生间的卫生，更是要耗费至少一瓶消毒液，才能让她稍微放心一些。

很多强迫症患者不但强迫自己，导致在某些方面失去自制力，也会强迫他人达到自己的标准，否则就会喋喋不休，唠叨个没完没了。这让他们的人际关系也无形中紧张起来，很多人都迫不及待地想要逃离强迫症患者，给自己更宽松的空间。

虽然强迫症患者让人苦恼，但是他们自身其实也是非常痛苦的。作为他们的朋友、亲人，最好能够给予他们更多的关注，及时发现他们的强迫倾向，从而帮助他们转移或者分散注意力，不要让他们再逼迫自己去做某件事情。当他们一次又一次成功地控制自己的行为之后，他们的症状就会有所缓解，甚至大大减轻。

丽娜是个很胖的女孩儿，为了减肥，她用尽了各种办法，诸如运动、节食、针灸等，但效果都不太好。有一次，丽娜因为吃坏了肚子，感觉非常恶心，因而把吃进去的所有东西又都一股脑儿地吐了出来。虽然当时很难受，但是吐完之后她却一身轻松，不但恶心的症状消失了，而且她暴饮暴食的负疚感也没有了。于是丽娜脑中灵光一闪："既然我要减肥，为什么不在每次吃完东西之后再吐出来呢？"

从此以后，丽娜在吃东西时每次都大快朵颐，然后等到吃完，不等肠胃开始蠕动消化，就找个没人的地方将食物吐出来。起初，她只是吐一次，随着时间的流逝，因为担心吐不干净，她从吐两次到吐三次，直到不管吃了什么东西，哪怕只是一点点零食，她也会马上吐出来，否则就觉得如鲠在喉，甚至连呼吸都变得很困难。很快，丽娜就变得越来越瘦，而且脸色苍白。她的妈妈不知道到底发生了什么事情，直到有一次替丽娜收拾房间时，在她的衣柜里发现她吐了一瓶的呕吐物，她的妈妈才意识到问题的严重性。于是她赶紧带丽娜去看医生，经过长时间的治疗，面色晦暗、精神倦怠的丽娜才渐渐地恢复了健康。

一次偶然的呕吐，让丽娜自以为找到了减肥的好办法，因而一发不可收拾，最终发展到每吃一点儿东西都会赶快吐出来。这不但损伤了她的肠胃，也使她患上了严重的强迫症，严重影响了她的身体健康和心理健康。幸好她的妈妈发现及时，才在心理医生的治疗下，帮助丽娜渐渐地恢复了健康。

其实一个人不管胖瘦、高矮，只有健康，才是美丽的。为了追求美，为了追求瘦，而不顾一切地伤害自己的身体，这种行为是绝对不可取的。当然，任何强迫症都不是突然出现的，而是由很多原因潜移默化地导致的。只要多多关注自己的精神世界，及时疏导自己的情绪，或者发现异常之后及时求助，我们就能够避免强迫症的发展和恶化。

心理课堂

其实在现实生活中，很多人都多多少少表现出一些强迫症的倾向。不过，在不影响正常生活的情况下，是无须理会的。有的时候，情绪激动也会导致人们的思维不受控制，因而也没有必要对强迫症“谈虎色变”，而要坦然面对。生活，永远不可能十全十美，当我们以宽广的胸怀接受了生活的瑕疵，我们距离强迫症也就越来越远了。

第05章

控制型人格：强烈的掌控欲是因何而起

虽然你很想让每个人都变成你所期待的样子，这样他们就能完全符合你的心意。但是，现实却使你不得不接受每个人都是他们原本的样子，尽管你并不希望如此。很多父母在教育孩子的过程中都曾深有感触，因为他们最终发现平日里乖巧的孩子反而更叛逆，更有主见，更特立独行。归根结底，人本来就是矛盾的综合体。控制型人格尽管很想把一切都尽在把握中，但是他们最终不但没有拥有听话的乖孩子或者对其言听计从的伴侣，反而让爱成为手里的流沙，越是用力地握住它，越是不可挽留地让它溜走。

你不是救世主，不可能主宰每个人

生活中，很多人会逆来顺受、唯唯诺诺，不管做什么事情都要倚靠别人才能做出决定。这样的人未免让人跟着起急，因为他们根本没有自己的主见，就像是一个提线木偶，一旦失去操控者，他们就会变得无所适从。与这种类型的人相对应的，正是提线木偶的操控者。他们总是有着自己的主见，从不愿意接受别人的操控，恨不得身边的人全都成为他们的提线木偶。他们总是非常自信，任何时候都坚定不移地相信自己的能力，甚至还觉得自己是救世主。这个世界如果没有了他的存在，所有的运转都会变得异常，甚至连地球的转动都会失去规律。那么，他们为什么如此热衷于操纵他人呢？

众所周知，每个人在生活中都希望谋取自己的利益，在考虑一切问题时都不可能做到绝对的客观公正，而是会情不自禁地从自己的需求和利益出发，做出选择。那么，当别人也为了自己的利益考虑，尤其是当利益间发生冲突的时候，主宰者的利益难免会受到侵害。在这种情况下，如果主宰者能够左右他人的思想和感情，让他人心甘情愿地放弃自己的利益，或者向着主宰者的利益倾斜，那么主宰者的利益就得到了保障。此外，还有一些主宰者在操控他人时，完全是无意识的，他们并没有明确的利益驱使或者动机，而是他们本来就习惯让别人按照他们的旨意生活与行事。当受到他人的反抗时，主宰者往往觉得无所适从。尤其是当父母具备这样的操纵人格时，孩子们就会失去自己的主见，变成父母的傀儡，最终难以成材。

小鱼现在是一名高一的学生了，不过他所就读的学校并非重点高中，这让他的父母非常着急，总想着在小鱼繁重的学习之余，再给小鱼多报几个班，帮助他掌握更多的知识。小鱼非常抵触父母的这种想法，多次告诉父母他并非很有余力，能把学校老师教授的课程学好就已经很不错了。但是他的父母却固执己见，尤其是他的母亲，甚至不顾小鱼的意见，私自给小鱼报了两个课外补习班，把小鱼仅有的一点儿课余时间也给占据了。

这不，眼看着周末就要到了，小鱼这个星期日下午有半天的休息时间，原本他想约同学一起去游泳，他的母亲却斩钉截铁地说："你都上高中了，还有心思游泳？哪里都不许去，老师下午1点就会到咱们家里来给你补习英语，3点补习数学。"听了妈妈的话，小鱼瞬间呆住了，这么说来，他只能把作业留到晚上写了，简直是比上课还要忙碌和紧张。看着小鱼极不情愿的表情，他的妈妈毋庸置疑地说："就这样定了，原本晚上想安排你参加作文辅导班的，但是想到你还得写作业，所以就没有报名。"对于他的妈妈这样的强势安排，小鱼尽管嘴上没说什么，但是心里却很反感。因而，在补习英语和数学时，小鱼哈欠连天，根本没有听清楚老师在讲什么。尤其是这样连续几个星期之后，小鱼的英语成绩和数学成绩非但没有提高，反而倒退了十几个名次。看着小鱼拿回家的月考试卷，他的妈妈恨铁不成钢地说："你呀，我的钱都扔到水里听响啦，你知道补课费一次是多少钱吗？"小鱼不以为然地说："我说过我没有余力，我原本就已经很吃力了，你再给我加重负担，也许我很快就会崩溃的！"小鱼的话给他的妈妈敲响了警钟，在他的爸爸也反对她的情况下，她的妈妈终于改变了其偏执的想法，与小鱼达成了君子协议：只要小鱼每次考试排名班级前10名，可以先不报补习班。

在这次约定之后，小鱼果然精神抖擞，为了能够暂时免遭补习班的摧残，他非常积极主动地学习，此后的接连几次考试，他的成绩都在班级前10名。

当小鱼的母亲以先斩后奏的行为方式绑架小鱼之后，却失望地发现小鱼的学习成绩非但没有进步，反而还退步了。原来，小鱼是在以这样的方式消极抵抗母亲的强制安排，他已经是高一的大男孩儿了，很想成为自己学习和生活的主宰者。经过一番抗争，小鱼果然如愿以偿，真的与母亲再次达成协议，也暂时避免了上补习班的摧残。现在的小鱼因为主动地选择了自己想要的学习方式，反而劲头十足，学习上也更有积极性了。

没有人愿意成为别人的玩偶，即使那些喜欢被安排和操控的人，其最开始的时候也很排斥成为玩偶，只是从小在无意识的状态下被安排习惯了，所以失去了主动性。现代社会竞争越来越激烈，人们的生存压力越来越大，为了帮助孩子从小就赢在起跑线上，很多父母都不遗余力地安排孩子们的生活和学习节奏，恨不得帮助孩子们把人生的每一步都计划好。这样过分的疼爱，最终只会让孩子们变得失去主见，成为没有独立性的提线木偶。从表面上看起来这是爱孩子，实际上是深深地害了孩子，甚至会毁掉孩子的一生。

心理课堂

控制欲强的人很独断专行，他们很少愿意真正采纳别人的建议，甚至连别人的意见也不愿意听一听。他们总认为自己是绝对正确的，而只要是与他们意见不一致的人则一定是完全错误的。对于这样的人，我们必须坚持自己的主见，坚持客观公正地看待和处理事情。唯有活出属于自己的精彩，我们的人生才能算得上是成功的人生。

别把没有完成的人生梦想强加给孩子

没有任何人的人生是绝对完满的，很多人的人生都留有缺憾。有些人接纳这些缺憾，有些人则心中始终怀有遗憾。在这样的现状之下，无数的父母开始把孩子作为自己梦想的传承者，希望孩子能够代替自己实现未完成的事业或者是梦想。然而，孩子真的愿意吗？

虽然孩子是父母生命的延续，是父母倾尽心血养育和培养出来的，但是孩子从来都不属于父母。他们怀着对自由的渴望来到这个世界上，只是在年幼时依赖于父母，而一旦其羽翼丰满，就恨不得马上离开父母的怀抱，投入到自己广阔的人生天地之中。作为父母，呕心沥血的养育孩子固然值得赞许，但是如果把孩子视为自己的私有财产，甚至觉得孩子的一切都应该由他们代为做主，那么则是失败的父母。所谓父母和子女的缘分，就是在孩子没有自立能力时给予孩子良好的生活条件，并帮助他们获得精神上的真正的成长和成熟。合格的父母，是从来不会让孩子替自己背负重担的。

作为家族企业的继承者，戈丁是个很有前途的富二代。因为他完全不同于那些普通的富二代整日游手好闲、好吃懒做。他不但有着父亲打理和经营的家族企业，而且他本人也非常聪明勤奋，在学业上的表现简直超过了很多早当家的穷人孩子。为此，他的父亲感到非常欣慰，几次三番地表示等到戈丁大学毕业后，就要把家族企业交给他来打理，自己则退居二线，过轻松闲适的生活。对此，戈丁虽然心中有着不同的想法，但是从未说出来。

尽管戈丁读大学时按照父亲的愿望，选择了“企业经营和管理”专业，但是实际上他最喜欢做的工作却是烘焙糕点。每当闻着小麦的香气从烤熟的蛋糕中散发出来，他都会发自内心地感到满足。戈丁一直梦想着开一家蛋糕房，这样他就可以每天都为父亲做一些美味可口的糕点。然而，命运总是如此捉弄人，在戈丁大学毕业之际，父亲就因为突发重病住进了医院。不得已，戈丁只得接替父亲的工作，打理庞大的家庭企业。半年之后，父亲才出院回家疗养，戈丁忙乎了整整一个下午，为父亲亲手制作了一块巧克力慕斯。看着戈丁端着巧克力慕斯走出厨房的样子，父亲心中深受震撼。戈丁那么小心翼翼地捧着蛋糕，仿佛那是他精心抚育的孩子，现在终于成人了，要实现自己的价值。看到戈丁的样子，父亲意识到戈丁虽然把公司打理得很好，却并不快乐。思来想去，父亲决定不能勉强戈丁。

很快，痊愈的父亲重新回到公司，他对戈丁说："我还不算老，还可以继续经营公司。至于你，我最亲爱的儿子，我希望你能从事你喜欢的工作，并且从中获得真正的快乐。"

曾经一直在操控戈丁的强势父亲，在看到戈丁烤制蛋糕时脸上洋溢出的真心幸福时，不由得深受感动。最终，他决定不再逼迫戈丁做他不喜欢做的事情，而是给他自由，让他从事自己真正喜欢的工作。就这样，戈丁重新找回了自己，也找回了属于自己的那份简单纯粹的快乐。

常言道，"人各有志"。360行并没有高低贵贱之分，既不能说你当一家公司的总裁就肯定幸福，也不能说守候在路边乞讨的乞丐就一定生活悲惨。归根结底，幸福只是人心底里的感受，完全取决于人们的内心。因而，从现在开始，如果你为人父母，那么就给孩子自由的空间去选择他自己的人生吧！如果你正在被自己的父母强迫着接受他们的想法，那么一定要坚持自己的主见，千万不要因为一时的冲动就放弃自己的梦想。对于任何人而言，梦想都是至关重要的，是人生的引航灯。唯有坚持梦想的人，才有可能取得成功。

心理课堂

强迫孩子们实现父母的梦想，在当今社会非常普遍。父母总是想把最好的一切给孩子，甚至觉得孩子自己摸索和探讨人生是浪费时间，因而他们不由分说的全部代劳了，最终非但没有落到好处，反而不是毁了孩子，就是被孩子埋怨。与其这样被动地当父母，不如真正放手，让孩子们更加自由自在地成长，拥有属于自己的人生。

强烈的占有欲，让恋爱中人感到窒息

爱情，自古以来被认为是命运之神赐予人类最好的礼物，它使两性之间的关系更加和谐友好，更加亲密无间，也让整个社会变得更稳定。然而，爱情的本质到底是什么呢？有人说恋爱就像一场重感冒，有人说恋爱就像是跑马拉松，有人认为爱情的本质是自私的，容不得任何无关感情的掺杂，还有人说爱就是飞蛾扑火……对于爱情，千百年来，无数文人墨客都给出了不同的诠释、赞美、讴歌，但是爱情依然是个谜，还是让人雾里看花，水中望月。

既然对于爱情的本质每个人都有自己的理解，那么在面对爱情时，人们也同样有着不同的处理方式和方法。自古以来，举案齐眉的夫妻有之，相敬如宾的夫妻有之，欢喜冤家的夫妻有之，缠绵于爱情之中的夫妻也有之。爱情以其各种各样的表现形式存在并融入我们的生活，让大多数人感受到甜蜜和美好，也让相当一部分人感受到苦涩和悲伤。

歌德说，“哪个少年不善钟情，哪个少女不善怀春”。当情窦初开的时刻，情侣之间总是如胶似漆，似乎爱情就是彼此间的全部世界。随着年龄渐渐地增长，却发现当初的海誓山盟已经不复存在，真正的爱情未必都是轰轰烈烈，也有可能是平平淡淡、细水长流的。当到了老年时期，爱情的潮水已然褪去，夕阳红时的爱情是执子之手，与子偕老，是一起搀扶着看夕阳。生命之河流在缓慢流淌，爱情也度过了其四季，最终圆满。这样的结果，当然是人人都想要的——岁月静好，爱情永恒。遗憾的是，现代社会随着生活节奏的加快，爱情也进入了快餐时代。一见钟情，闪婚，闪离，这些现象常常显现，让人应接不暇。

爱恨变得越来越强烈，尤其是在占有欲强的人那里，爱情变成了占有，爱人也变成了私有财产。不得不说，这样的爱让人感到窒息。这样的爱不是共享和分享，而是霸占和自私。那么，对于这样的爱情，结果总是让人感慨唏嘘。既是爱之深，也是恨之切，最终甚至还有可能闹得不欢而散，不得不说是人生的巨大遗憾。

在和男友相处半年之后，杜鹃突然提出了分手。原本柔弱的她这次态度非常坚决，即使男友再三苦苦哀求，即使她父母都说男友是个不可多得的好男人，她也无动于衷，坚持要恢复自由之身，这是为什么呢？

原来，杜鹃的男友张华是个占有欲和控制欲非常强的人。刚刚和杜鹃认识的时候，他尚且能够伪装和控制自己，与杜鹃保持合适的约会频率，也不会干涉杜鹃的私事。然而半年后，随着两人关系越来越亲密，杜鹃不止一次地看到张华偷看她的手机，有的时候晚上还会特意打电话来检查她的行踪。有一次，杜鹃和闺蜜们在酒吧玩儿，不承想，张华一个电话打来，气鼓鼓地问她和谁在一起鬼混。在杜鹃解释之后，张华还追问她们喝酒的酒吧地点，非要去查岗，这使杜鹃很生气。

还有一次，杜鹃因为工作需要，要与一个男同事一起出差。得知此事后，张华坚持让杜鹃推掉这趟差事，甚至还托在医院工作的朋友给杜鹃开了一张病假条，以供杜鹃请假之用。看到张华如此小肚鸡肠，而且把自己视为私有财产，杜鹃思来想去，才提出了分手。面对父母苦口婆心的劝说，杜鹃毫不动摇地说："我还年轻，即便结婚了，也必定要有自己的私生活。我不可能把婚姻变成囚牢，让自己一辈子坐牢。"就这样，杜鹃坚定不移地与张华分手了。

在这个事例中，张华无疑是一个占有欲和控制欲都很强的人。对于刚刚相处半年的杜鹃，他先是查看其手机，又打电话查岗，还要问清楚地址去现场验证，最让杜鹃不能忍受的是，他还企图影响和控制她的工作。难道杜鹃要为了这样一个男人彻底失去自由吗？难道杜鹃能放弃自己结婚之后的任何私人生活吗？如果不能，那么他们之间因为爱的占有欲发生矛盾的日子还多着呢，未来婚姻生活能否幸福必然难以预测。

"生命诚可贵，爱情价更高。若为自由故，两者皆可抛。"从这首诗中，我们不难看出自由对于每个人的重要性。因而，我们不会为了爱情而甘愿失去自由，健康的爱情一定会成为我们自由发展的土壤，而不会把我们当成鸟儿一样囚禁在牢笼之中。

心理课堂

在很多婚姻关系中，都存在着支配与被支配的关系，但是这种关系却不同于自私的占有。任何婚姻关系，只有建立在平等和相互尊重的基础上，才可能良性发展。尤其生活是琐碎的，夫妻之间再亲密无间也依然需要有自己的空间，一旦让爱人感到窒息，则也就意味着婚姻生活无以为继。记得曾经有人说，"爱情就像流沙，越是紧紧握住，就越是容易从指缝间溜走"。这句话虽然看起来很普通，仔细想来，却蕴涵着爱情的真谛。从现在开始，就让我们学会享受爱情中的自由，在爱情中畅快地呼吸吧！

二孩时代，你要学会接纳兄弟姐妹

2016年1月，国家全面放开独生子女政策，只要是只有一个孩子的家庭，都可以依法免除计划生育罚款，生育第二个孩子。这个政策，让原本很多决定只要一个孩子的家庭都开始蠢蠢欲动。想想吧，当父母老了以后，一个孩子孤孤单单地在病榻前侍奉，哪里有两个孩子相互商量着帮助父母撑起一片晴空，来得更加温暖和有力呢？！处于这样的考虑，有相当一部分父母决定再要一个孩子。当然，其中有些父母生育的第一个孩子此时此刻已经长大了，有的三五岁，有的十几岁，还有二十几岁的。当听到父母说要再生一个孩子时，他们之中的大多数人都表现出不理解，少数人还会采取极端的方式表示抗拒，只有极少数心怀大爱的孩子很高兴地准备迎接小弟弟或者小妹妹的到来。

如今，二胎政策已经放开，很多作为老大的孩子们都已经迎来了弟弟或妹妹。当原本的三口之家一下子多了一个让人倍感麻烦的小生命，带来的冲击的确是巨大的。为此，老大们，你们如何接纳兄弟姐妹呢？这是每一个老大都要深入思考的问题。

乔乔三岁了，话刚说利索。当听说他妈妈还要给他生个小妹妹时，他的眉头马上紧紧地皱在一起，斩钉截铁地说：“不要。要是你生了，我就把她扔进垃圾桶。”听到乔乔的这个回答，原本就是在逗弄乔乔的妈妈笑得前仰后合。然而，几年之后，当二胎政策放开，她也真的动了生二胎的心思，原本以为已经七岁的乔乔可以迎接一个小妹妹的到来了，但是乔乔的回答和几年前如出一辙：“不要。生了，就把她扔进垃圾桶。”看到乔乔认真的表情，妈妈不敢轻视了。她开始认真地和乔乔探讨生妹妹的问题，乔乔的态度始终如一且非常坚决。

和乔乔不同，乐乐则是促使爸爸妈妈生老二的推动力。早在乐乐五岁的时候，二胎政策还没有放开，他一个人觉得很孤单，因而整天缠着爸爸妈妈给他生个小妹妹。妈妈调侃他说："生个小弟弟行不行？"乐乐想了想，说："最好生个小妹妹吧，因为我已经是个男孩了。"爸爸赶紧逗他说："如果生了弟弟，就送人吧，或者和人家换个小妹妹来，反正咱们也不想要小弟弟。"乐乐马上说："不行！不行！换来的没有血缘关系。"乐乐的回答让爸爸妈妈感到非常惊讶，他们万万没想到血浓于水的观念也已经深深地植入这个五岁的小男孩心里了。

一年以后，乐乐果然迎来了小妹妹。虽然小妹妹很麻烦，但是乐乐非常喜欢小妹妹，每天一放学回家，就会趴在小妹妹身边和她亲昵。等到小妹妹长到一岁多越来越调皮时，乐乐偶尔会被妹妹挠哭，但是他很少打妹妹。即便被妹妹气得咬牙切齿，过后他依然与妹妹亲密无间。

在二胎越来越常见的今天，如何引导老大接纳老二是个让人头疼的问题。尤其是当老二真的呱呱坠地之后，当全家人的心思无一例外地集中在老二身上，曾经独享所有宠爱的老大难免会感到失落。在这种情况下，爸爸、妈妈的配合也非常重要。例如，既然妈妈必须给老二哺乳，那么爸爸可以抽出更多的时间陪伴老大。在老二渐渐长大，开始与老大有冲突的时候，爸爸、妈妈心中的天平也应该倾向于老大，不要因为觉得老大是大的，就应该让着小的，就处处不留情地批评老大。实际上，老大从小是独生子女，如今眼睁睁地看着老二夺走了爸爸、妈妈的爱，而老二呢？一出生就是老二，因而已经习惯了有兄弟姐妹。从这个角度来考虑，爸爸、妈妈应该向着老大，哪怕多批评老二几句都是没关系的。很多老大和老二的关系不好，是因为爸爸、妈妈偏向老二，导致老大心里不平衡，甚至把不满发泄到老二身上。

很多独生子女都很"独"，他们不愿意有人分享他们的爱，也从未感受过有兄弟姐妹一起玩耍的乐趣。因而，父母应该多多引导他们，让他们接受兄弟姐妹的到来。唯有如此，他们的心胸才会越来越宽阔，甚至在有了兄弟姐妹之后，对于那些同龄的小伙伴、同学和朋友的态度，也会发生改变，变得更加友善，更加包容。

心理课堂

当你有了小妹妹，你愿意把最爱吃的巧克力分给她一半吗？如果答案是肯定的，恭喜你！你是一个充满爱心的大孩子。如果答案是否定的，也不要着急，毕竟孩子的本性就是不愿意分享的，尤其是在他们经常独享一块完整的巧克力之后，分享带给他们的不是快乐，而是割裂的痛楚。作为父母，千万不要因为只有一个孩子，就把一切最好的东西统统给了孩子。父母也要学会与孩子分享，不要让孩子养成独享的坏习惯。

你是父亲的小情人，也是母亲的小棉袄

生活中，控制型人格在很多人的身上都有所体现，不但在爱情中有自私的占有，即使在亲情之中，也会有远近亲疏之分。远的不说，就说最亲密的一家三口吧。按道理来说，女儿是母亲十月怀胎辛苦生出来的，理应是母亲的小棉袄，但是偏偏有很多女儿从小就极具占有欲，偏偏要从母亲那里把父亲抢过来，据为己有。当然，也不排除因为她的父亲太优秀，所以能博得了女儿的欢心吧。

豆豆自从出生之后，就真的成了她爸爸的小情人了。从她呱呱坠地开始，无数个夜晚，都是在爸爸的怀抱中度过的。直到后来，如果爸爸不抱着她，她就拒绝入睡。

时光飞逝，光阴荏苒，转眼之间，女儿已经六岁了，开始学会和妈妈“争风吃醋”。有段时间，每当她穿了漂亮的衣服，都总要去爸爸面前美

美地转一圈，让爸爸夸赞她几句。有一次，爸爸看到妈妈烫了个新发型，就顺口夸了几句，不承想女儿却在一旁嘟嘟着小嘴不高兴了。

青春期，女儿更是黏她爸爸，几乎每个晚自习后都要求爸爸去接她。妈妈渐渐觉得心中不是滋味：为什么我辛辛苦苦生出来的女儿，一把屎、一把尿拉扯大的女儿，就只认她爸爸呢？为什么我培养出来的好老公，如今只记得爸爸的身份，而完全把我这个老婆抛之脑后了呢？！这样想来，心中就有些酸涩。尤其是看着人家爷俩一起高高兴兴、有说有笑地推门而入，刹那间觉得自己就是家里的外人。

其实，恋父情节是很多人都有的。尤其是女孩儿，恋父情节往往更明显。著名心理学家弗洛伊德经过研究发现，在儿童心理发育的过程中，在三岁左右都会有一个与母体分裂的阶段。在此阶段，孩童更多地依赖和关注其父亲。有些女孩儿因为过于崇拜和热爱父亲，甚至会对母亲产生敌对心理。在女孩儿渐渐长大之后，选择人生伴侣时，她们还会把父亲作为楷模，努力找寻和父亲一样高大威猛、善解人意的爱人。从这一点上来讲，父亲就像是女孩儿的人生坐标，始终贯穿女孩儿人生的各个阶段。

需要注意的是，当恋父情节过度发展，很多女孩儿包括男孩儿在内，就会嫌弃自己的母亲，甚至排挤自己的母亲，由此引发家庭矛盾。对于孩子而言，这样的行为完全是无意识的，因而，当母亲感受到孩子的异常时，应该与父亲达成一致，努力帮助孩子们缓解这样的情绪，从而帮助他们顺利度过这个阶段。父亲既然是孩子们的榜样，也应该注意在生活中培养孩子们的独立性，教会他们形成自己的主见。这样才是对孩子的人生负责任的态度，也才是合格的父亲该做的事情。

心理课堂

有些女孩儿的恋父情节过于严重，甚至产生了要把母亲和父亲分开，

从而独占父亲的想法。这样的想法是非常危险的，还会导致乱伦之恋，造成悲剧。因而作为父母，一定要密切关注孩子的心理动态，当觉察到孩子的异常时应及时引导，给孩子营造健康、良好的成长环境。

第06章

消极型人格：别让天空失去了颜色

消极型人格的人，不管面对什么事情，都非常悲观。即便是阳光照到了他们的眼中，也会因为他们内心的阴郁，而变得不那么明艳。对于消极型人格的人，一定要放宽心胸，尽量争取在生活中得到更多的快乐，朝着积极乐观的方向发展。有的时候，伪装快乐，也能让我们变得真正快乐；伪装的笑容，也能让我们的心情更加开朗。

为什么你的心阴沉得似乎要落雨

现代社会的生存压力越来越大，不但生活节奏加快，工作的压力也成倍增长，让人无暇喘息。面对这样的生存现状，很多人都感到肩上的担子沉甸甸的，又因为整日埋头于工作和生活的琐事，因而心情越来越烦躁不安。如果是积极乐观的人，还能够采取各种方式排解压力；如果是消极悲观的人，则很容易就会陷入负面情绪之中，无法自拔。

当你整个人变得很消极，那么让人悲观的事情就会更多。诸如学生考试没有考好，父母养育孩子遇到难题，老人身体不舒服正在住院，或者工作上出现失误被上司批评……打个形象的比方，即使这些事情在胸怀开阔的人心里都不算事，但是在郁郁寡欢的人心里，却像是压死骆驼的最后一根稻草，往往让他们陷入绝望之中。

今天，你忧郁了吗？如今忧郁已经不再是少数人的专利，而成为大多数人的心态。曾经，古希腊的医学之父希波克拉底认为，大多数忧郁症患者的体内都存在着过多的黑胆汁。而大哲学家苏格拉底则对此有不同看法，他觉得一个人的创造力越强，患上忧郁症的可能性也就越大，因为他们总是不断地处于自我的反思和创新的求索之中，导致思维过度活跃，思虑太多。而在现代社会，不但是体内黑胆汁多的人和创新能力强的人容易忧郁，普通人也很难摆脱犹豫的纠缠。最终，忧郁人格变得非常常见。为此，有很多人都把忧郁的病因归结于社会环境，说是因为社会环境的恶化，才让忧郁变得如此常见。殊不知，任何外部的环境只是导致人们患上忧郁的片面原因，最主要的原因是人们的内心过于脆弱，不能承受任何的失落。所谓境由心生，尽管这看起来有些唯心主义的色彩，但是却在很大程度上诠释了忧郁产生的根源。

作为一名在校大学生，小娜的忧郁看起来有些让人难以理解。她总是看起来心事重重的样子，即使是一点点风吹草动，也会让她马上陷入担忧之中。那么，小娜到底为何如此忧郁呢？

原来，小娜从小就失去了父亲，母亲带着她改嫁，因而她过着寄人篱下的生活。原本应该无忧无虑的大学生活，因为继父不愿意承担小娜的学费，导致母亲和继父的关系非常紧张。为此，小娜从刚刚读大一时就开始在外面勤工俭学，努力挣出生活费用，从而帮助母亲减轻负担。小娜很清楚，母亲改嫁不容易，能有自己的家庭也不容易，她必须让母亲保住这个家。看到同学们每逢节假日就兴高采烈地出去玩耍，小娜羡慕极了。但是她必须奔波在勤工俭学的路上，她不但兼职做学校食堂的打扫工作，还在校外兼职做两份家教工作。

当然，小娜本身的性格也是很内向而又敏感的。前段时间，小娜因为考试出现失误，倒退了十几个名次，因而情绪很低落。有的时候，她觉得自己的心情就像是夏日午后即将落雨的天空，是那么阴沉、压抑。看着小娜郁郁寡欢的样子，老师非常担心，也给予了她很多的关心。

小娜是个寄人篱下的继女，因而从小就谨小慎微地生活着。直到长大成人，独自读大学，她依然担心母亲因为学费和生活费的事情与继父吵架，因而不遗余力地兼职工作，为母亲减轻负担。她是个很懂事的好孩子，也因此心中思虑重重，很少无忧无虑地欢笑。

人之所以会变得忧郁，实际上都有明显或者潜在的原因。每个人的本性里都有忧郁人格的影子，只不过平日里不会表现出来，而等其受到刺激或者遇到重大事情的时候，他们的心理就会发生一系列的变化，人格也会产生变化。如果遇到的都是让人不开心的事情，他们就会变得越来越忧郁。严重的忧郁患者，不但心情落寞，睡眠也会受到严重的影响，还会变得非常自卑怯懦，对人生失去希望。不得不说，忧郁给我们的生活带来的负面影响还是非常大的。

心理课堂

对于内心敏感的忧郁型人格而言，即使是生活中有一点儿小小的变化，也会在他们心中掀起滔天巨浪。而当他们在焦虑、苦闷的边缘挣扎时，他们又会因此而更加痛苦、失意，甚至对人生了无兴趣。这就像是阴云密布的天气，要想阳光灿烂，必须首先驱散乌云。那么，就让我们怀着积极乐观的心态面对生活吧，毕竟每个人的生命都非常短暂，值得珍惜，万万不可浪费在忧郁之中啊！

安全感只能源自自身，不要依赖他人

随着忧郁的大肆盛行，越来越多的人感受到缺乏安全感。他们不管做什么事情都惶惶不安，似乎一切都即将朝着最糟糕的方向发展。也因此，他们的情绪更加紧张焦虑，仿佛地球即将停止转动，就要大难临头一样。这是为什么呢？

实际上，你与其朝着别人索要安全感，或者抱怨外界环境不能给予你安全感，还不如从自身出发，向自己寻求安全感。很多消极悲观的人，不管面对什么事情，始终想到的是最坏的结果，最终导致其畏首畏尾，甚至连开始的勇气都没有。当看着身边的人们不断地失败和进行尝试时，他们甚至还会杞人忧天。而且，消极悲观的人往往非常惧怕人际关系，害怕与人相处。他们总是不愿意接近陌生人，即便与亲近的人相处，也始终保持着适度的安全距离。因为，他们害怕受到伤害。实际上，正如一位名人所说，“每个人最大的敌人都是自己”。我们与其把安全感的获得寄托在他人身上，不如抓住各种机会修炼自己的内心，让自己变得更加强大起来。而且，当你拓宽自己的社交圈子，与更多的好朋友在一起尽情地交流或者分享时，你也会变得更加从容豁达，也能得到更多的友谊。如此一来，你的内心会渐渐变得强大，再也不会患得患失了。

消极型人格因为缺乏自信，更容易产生对他人的依赖。因为害怕，他们也许会剥夺原本属于自己的一切机会，而把希望寄托在他人身上。尤其是在遇到困难时，他们第一时间想的不是如何战胜困难，而是应该向谁求助。而一旦他们依赖惯了的那个人抛弃了他们，他们就会觉得心慌不安，不知道如何才能控制自己。实际上，真正的安全感来自我们的内心，只有我们自己才能使我们心安，不再被恐惧缠绕。

和很多男性相比，女性似乎是更容易缺乏安全感的。尤其是在恋爱之中，很多女性朋友都会毫无保留地奉献自己，哪怕一无所有，也觉得自己只要拥有爱人，就拥有了全世界。殊不知，现代社会中相爱的关系并非那么牢不可破。作为女性，一定要人格独立、经济独立，才能得到男性的尊重。正如舒婷在《致橡树》中所说的那样，“即使是女性，也不要变成攀附的藤蔓，而要变成与男性并肩而立的木棉树”。现实生活中，无数女性因为在爱之中失去了自己，最终爱不复存在，她们的人生也随之暗淡。

自从结婚之后，玛丽变成了全职家庭主妇。原本，她毕业于名牌大学，有一份很好的工作，但是由于丈夫要自主创业，根本无暇顾及家庭，也不可能分担家务、照顾孩子，因而玛丽就赋有奉献精神地选择了辞职，回归家庭，全心全意地当丈夫的坚强后盾。

就这样，围着孩子和灶台转的玛丽，已经回归家庭三年多了。孩子上幼儿园之后，玛丽决定再次复出工作。听到玛丽的想法，她丈夫不以为然地说："你呀，有吃有喝的，还是老老实实待在家里吧。你已经这么久没工作了，很难适应现在的职场啦！"听到丈夫不屑一顾的话，玛丽难免有些受伤的感觉，她委屈地说："我知道我现在是与社会脱节的，但是这并不是我愿意的。我并不甘愿一辈子当家庭主妇，我也有人生的理想，为什么你不能鼓励和帮助我呢？！"她丈夫这才意识到自己的口吻有些不当，因而又换了一种口吻说："宝贝，我的意思是我很愿意养活你和孩子。你对于这个家庭的贡献是最大的，你是不可或缺的。"在丈夫的劝说下，玛丽直到孩子幼儿园毕业，还没有出去工作。然而，有一天在她送孩子去学校回家的路上，突然看到她丈夫与一名年轻的女孩儿勾肩搭背地从一个公交车站台边走了。瞬间，玛丽的心都碎了，感觉整个世界都塌了。之后，她还算理智，既没有追上去质问丈夫，也没有声张，而是一刻不停地找工作。她很清楚，她的世界里不能全是丈夫，她必须给自己安全感。

在这个事例中，玛丽面对她丈夫与年轻女孩儿勾肩搭背后，第一时间做出了正确的选择。如果她追上去质问其丈夫，或者是和丈夫当众吵闹，那么非但于事无补，反而还会让丈夫对她心生厌烦，更快地投入到其他女人的怀抱。尽管玛丽辞职的初衷是为了支持丈夫创业、照顾家庭，但是她很了解丈夫拈花惹草的行为。毕竟，没有任何男人愿意整日对着一成不变的黄脸婆，而女人要想不使丈夫出轨，最好的办法就是全力打造自己，让自己富于魅力。

玛丽很理智，她知道安全感只能从自己身上获得，而不能强求其丈夫给予。朋友们，生活中你们是否也常常觉得不安呢？不管是在家庭生活中还是在日常工作中，人们的危机意识越来越强。在这种情况下，我们必须学会让自己变得强大，因为唯有自己强大了，一切困难才能凭借自己的力量，使其迎刃而解。从现在开始，就让我们变得更加勇敢和豁达吧！

心理课堂

消极的人，往往把安全感的获得寄托在他人身上。他们总是缺乏自信，也不认为凭借自己的努力就能改变命运，因而他们显得非常被动。尤其是在爱情方面，消极的人往往不顾一切地付出，又在爱情消失时输得一无所有。其实，真正的爱情是建立在平等和尊重的基础上的，而尤其作为女性，一定要在各个方面保持独立，才能给予自己更强的安全感。

自己承受痛苦，却从不说“不”好吗

你曾经看过美国的好莱坞大片吗？如果你经常看这种影片，你就会发现，很多好莱坞大片中的主角，都是非常顽强坚韧的。即使环境再怎么恶劣，处境再怎么艰难，他们也很少会主动放弃。就算忍受着深深的痛苦，他们也依然拼尽全力到最后一刻。因为他们深信——只要坚持，就一定能够获得成功的可能，直至最终成功。看着那些肌肉发达的钢铁硬汉，作为观众，我们能感受到自己浑身都充满了力量。而事实的确证明：只有不轻易放弃的人，才有最终获得成功的可能。否则，一旦放弃，则不管是成功还是失败的可能性，都同时不复存在。这也就意味着，你不会遭遇失败，同时也绝不可能成功。

尤其是消极悲观的人，他们往往陷入忧郁之中，而且有着很明显的“利他主义”倾向。他们悲天悯人，对于身边的人怀着无限的同情，他们常常想到别人的苦楚，却从来不顾及自己其实也是需要得到满足的。从某种意义上来说，他们的同情心似乎太强了，因而他们从来不懂得拒绝。在一次又一次感受心灵的创伤之后，他们疲惫不堪，却初心不改。我们当然愿意与这样的人成为朋友，但是却不应该强势地对待他们，否则就有欺负他们的嫌疑。从长远来看，其实人不应这样逆来顺受、忍气吞声。否则，不会拒绝的人就会在生活和工作中遭遇更多的尴尬和难堪，即便如此，结果也未必能够令人满意。

作为新进公司的员工，小马渐渐变成了老好人。刚开始时，小马因其初来乍到，不管哪位同事有事情需要帮忙，他都会主动伸出援手。后来，同事们与小马渐渐熟悉，认为小马好说话，也会在忙不过来的时候把自己的工作分给小马去做。当然，大家都是很感激小马的，觉得他乐于助人，是个大好人。

然而，随着时间的流逝，小马已经进入公司一年多了。他变成了一名老员工，因而上司分派了更多重要的工作给他，他本职工作繁重，也就没有多余的时间帮助其他同事完成他们的工作。但是，大家却已经对他的“热心帮助”习以为常。就在刚才，丽娜随手扔了一份文件给小马，说：“小马，帮我把这份文件检查一下，半个小时以后就要。”说完，丽娜就走了，连小马是否有时间都没问。过了没多久，阿尔又来对小马说：“小马，中午帮我加班半个小时做份表格吧，我约了女朋友一起吃饭。”就这样，直到午餐时间结束，饥肠辘辘的小马还是没有时间去吃饭，更别说完成自己的工作了。

下午，上司来找小马要一份几天前交代他完成的文案，小马瞪着眼睛，一脸茫然地看着上司，原来，他因为忙于帮忙，早就已经把那份文案抛之脑后了。毫无疑问，小马被上司狠狠地批评了一顿，并且责令他下班之前必须把文案做好。整个下午，小马忙得连喝水的时间都没有。当艾薇再来让小马帮她去仓库调货时，小马不得不硬着头皮说：“对不起，我有工作还没完成，你自己去吧！”艾薇马上脸色大变，虽然什么也没说，但是心里却对小马意见很大。此后的几天，小马打定主意不帮任何同事做工作，这样，他自己的工作也能够保质保量地完成了。事到如今，小马才知道在职场上不懂得拒绝的后果有多么严重！

小马帮助其他同事分担工作，原本是件好事。然而，由于他从来不懂得拒绝，渐渐地帮他人完成工作成为他理所当然的分内之事，以至于当他拒绝其他同事的求助时，还会被埋怨。其实，小马并非不懂得拒绝，而是不敢说“不”。通常情况下，消极悲观的人缺乏自信，因而当有人求助于他们时，他们往往觉得这是别人的信任，是十分珍贵的。因而，他们非但不会辜负这份信任，反而会受宠若惊。然而，正如小马所经历的那样，随着阅历和资历的加深，上司会越来越器重他，而如果此时还因为忙于他人的工作而无法做好自己的本职工作，则会导致得不偿失。

不懂拒绝就像是陷入泥沼，就很难自拔。尤其是在职场上，我们在与其他同事相处时，不管私底下的关系如何，一定不要让他们养成依赖自己的坏习惯。否则当他们不管有什么工作都想到要找你来帮忙时，你也就无法拒绝了，还会因此影响自己的心情，导致郁郁寡欢。

心理课堂

当一个人不懂拒绝，一旦陷入泥沼，不管别人提出什么要求，都不好意思拒绝。大多数不好意思拒绝他人的理由，无外乎是彼此间关系好，怕驳了他人的面子，也害怕得罪他人。这就像是借钱一样，如果你发自内心不想借钱给他人，那么千万不要借，直截了当地找个理由拒绝他人，哪怕得罪了他人也只有一次。而一旦借了，你不但自己心中不快，还会因为要他还钱得罪他人，这是双重的痛苦，更加得不偿失。拒绝也是如此，一次拒绝，也许换来的是对方长久的理解和自觉。

向死而生，是为了活得更加精彩

曾经有人说，“每个人都是行走在黄泉路上的”。从出生的那一刻开始，每个人就开始走向死亡。这么说，未免显得有些悲观。其实，人是向死而生的，只有明白这个道理，人才能活得更加从容豁达，也才能更加坦然淡定。

在艰难的处境中，消极悲观的人一旦走入极端，就会完全进入死胡同，不知道反省自己。不但会使其现在的生活变得了无生趣，也会对其未来的生活完全失去信心。长期情绪低落，悲观失望，会使人更加失去斗志，由此陷入恶性循环之中。由此一来，忧郁的人格特征就会持续深化，最终变成忧郁症患者，甚至产生悲观厌世的情绪，最终贻害无穷。

近年来新闻报道中常常出现这样的事件，很多年轻的妈妈在分娩之后，因为情绪低落消沉，最终选择抱着出生的婴儿一起跳楼自杀。这样的新闻总是让人感慨万分。妈妈们自杀的原因很简单，是因为体内激素骤变以及情绪悲观绝望，导致产生厌世心理。假如在妈妈们分娩之后，其丈夫和家人，能够给予她们更多的关爱和照顾，帮助她们及时舒缓不良情绪，那么结果一定不会这样。在现代社会，不但产妇自杀有逐年增加的趋势，因为生活和工作压力的增大，很多看似正常健康的人，也会产生绝望的心理。甚至有很多正处于人生花季的青年，诸如那些刚刚大学毕业或者即将毕业的人们，也出人意料地选择了结束自己的生命。这到底是为什么呢?

毋庸置疑，生活是艰难的，尤其是现代社会处于飞速发展之中，各行各业的人，包括学龄期的孩子在内，都承受了巨大的压力。因而，我们应该更加关注自身和他人的心理健康，给予自己和他人更多的爱和关注。归根结底，我们还是要怀着积极乐观的心态面对生活，虽然活着是奔着死去，但是死并非是活着的目的。人生，最重要的在于其过程的精彩。只有真正的拥抱和享受过人生的人才不枉活一回。

作为一名律师，王强总是要接触那些社会的阴暗面，与各种各样的罪犯和受害者打交道。每次开庭辩护之后，他都觉得特别疲劳，似乎全身的力气都耗尽了。有一段时间，王强接受一个富豪的委托，为他进行无罪辩护。虽然王强自己也怀疑那个富豪是有问题的，但是不得不遵照律师的原则，争取让他无罪。为此，王强承受了巨大的道德压力和良心的谴责。他那段时间不得不靠安眠药才能入眠。

有一次，王强因为太累了，心烦意乱，试图多吃一些安眠药，因为被妻子发现并且制止，他才没有得逞。据他后来说，他当时很想一觉睡过去再也不醒来，因为唯有如此，他才能获得永远的平静。后来，王强的忧郁情绪越来越厉害，最终他患了重度抑郁症，彻夜难眠，在心理医生的治疗下，才能安然入睡。

律师的职业特点，决定了他们必须与很多社会的阴暗面接触，还要与很多罪犯打交道。长此以往，他们必然承受着巨大的压力，心情也会受到影响，难以平复。在这个事例中，王强就是这样一个痛苦的律师。如果他出淤泥而不染，必然会被他人所排挤；如果与那些黑暗势力同流合污，又让他万分痛苦。长久的忧郁，最终使他患了严重的忧郁症，甚至连正常的生活都无法维持。在这种情况下，如果他能够及时向心理医生寻求帮助，也许情况不会发展到如此严重的程度。但是他偏偏没有及时求助，最终导致其成为忧郁症，到了寝食难安的地步。

对于消极悲观的人而言，似乎生活中的很多事情都会引起他们的忧郁。现代社会提倡的正能量，正是为了消除这样的负能量。毕竟，生活总是坎坷的，没有人能够保证自己始终顺遂，唯有摆正心态，以积极乐观的心态面对一切的坎坷和挫折，我们才能更加斗志昂扬，意气风发。

心理课堂

向死而生，我们才能活得更加精彩。当我们把对生命的关注聚焦在过程中，我们就会更加心甘情愿地接受过程中的坎坷和挫折，从而帮助自己树立正确的观点和积极的态度，应对生命中的一切磨难。对于消极悲观的人而言，即便世界再美好，他们也能从鸡蛋里挑出骨头来。为此，更重要的是摆正心态，为自己的人生不断地添砖加瓦，筑造理想的大厦。

也许，温柔中隐藏着你所不知的陷阱

如今，家庭生活中冷暴力的现象越来越常见，程度也越来越严重。那么，何谓家庭冷暴力呢？直白地说，就是以冷漠和沉默来对抗家人，而不愿意敞开心扉去交流、去接纳、去包容。甚至有些时候，冷暴力比起争吵给予家人的伤害更大、更严重。归根结底，人与人之间需要沟通，也需要感情的融合。一旦像千里冰封一样冻结起来，又怎么可能获得真正的和谐呢？！由此，家人之间必定更加疏远，也导致误解更深，难以焕然冰释。

在大多数场合，忧郁人格者往往表现出消极的沉默。但是不知情的人会误以为这份沉默是包容，是理解，是宽厚，因而从这个角度来说，忧郁人格者在人际关系中是带有伪装性和欺骗性的。很多恋人之间都会吵架，有的时候只是因为一件小小的事情。对于外向开朗的人而言，只要把话说开了，一切误解也就不复存在了。但是对于忧郁人格者，虽然他们心里已经怒火中烧，却不会马上表现出来。最终，他们心中的不满越积越多，导致一切都在酝酿之中变得越发严重。

如果把家庭生活中的纷争比喻成一场战争，那么爽朗者之间是明枪明箭，而忧郁人格者则会采取暗箭难防的方式来报复其爱人或者家人。这样的报复方式往往让人防不胜防，而且会使家庭的和谐氛围瞬间消失，简直让人难以忍受。其实，不管是在家庭生活中，还是在社会生活中，忧郁人格者也应该尝试着打开自己的心扉，与他人进行真诚的沟通，这样才能使问题迎刃而解，也才能使一切矛盾都真正化解。

龚娜和马波结婚七年了，已经到了七年之痒。龚娜在一家出版社的市场部工作，几乎每个星期都要出差，而马波只能常常孤身一人。在七年之痒的非常时期，龚娜有一次出差提前两天回家，拿出钥匙开门时却发现家门反锁着，她马上想起电视里抓奸的镜头，不由得心惊胆战，马上不遗余力地使劲砸门。

足足等了五分钟，马波才来开门，他的身后站在一个年轻的小姑娘。龚娜见此情形，一言不发，扭头就走了。到了晚上她才回到家里，看到马波已经做好了一桌子她爱吃的菜，正在等着她吃饭。龚娜坐到桌边就吃饭，胃口看起来还很好。吃完饭，她像往常一样洗澡、睡觉，还把出差积攒的脏衣服也洗了洗。见此情形，马波害怕极了，不知道龚娜心里是怎么想的。他主动问龚娜承认错误，并且发誓以后再也不会犯这样的错误了。龚娜却依然保持沉默。

后来，在马波不知情的情况下，龚娜去医院做了流产手术。原来，她这次出差之所以提前返回，就是因为发现自己怀孕了。原本，她迫不及待地想要和马波分享这个好消息，却发现马波给了她最大的伤害。手术结束后，龚娜自己打车回家，把流产手术的相关单据放在餐桌上，等着马波回家看。而她则冲了杯红糖姜茶，喝完之后蒙头大睡。看到这些单据，马波简直要疯了。他怒吼着问龚娜："为什么？你为什么要这么做，你有什么权利这么做？！"龚娜依然保持沉默。马波简直崩溃了，因为他不知道龚娜还会做出什么疯狂的事情来。其整日提心吊胆地过了一段时间，最终马波提出了离婚。

男人出轨，这是很多女人都无法忍受的事情。对于刚刚得知怀孕消息的龚娜来说，老公出轨的事实更是像晴天霹雳一样。不过，她显然和那些一哭二闹三上吊的女性不同，她很冷静，也极度忧郁，在愤怒之中她选择了做流产手术，让马波失去期盼已久的新生命。果不其然，她一下子就击中了马波的痛处，让马波猝不及防，心痛不已。

看得出来，龚娜未必想与马波离婚，否则她也许就会采取更为极端的方式了。当然，也有可能是因为她忧郁的性格，使她不愿意声嘶力竭地争吵。她一个人去做了流产手术，马波甚至还不知道自己要当爸爸了，就失去了当爸爸的权利。不得不说，这样的报复行为是更深刻，也更令人痛苦的，带给马波的是巨大的心理创伤。

接下来的生活，在马波提出离婚之前，他几乎每天都在承受龚娜的沉默和冷漠。原本温暖的家，突然之间就变成了冰窖，让马波不敢继续面对下去。虽然马波出轨的确是错误的，不过作为一家人，如果想继续好好地过下去，就应该采取积极的方法解决问题，让结果尽可能减少对双方的伤害。也许龚娜在做流产手术之后后悔过，毕竟这样的报复方式不是每个女人都能做得出来的。她的沉默使她愤怒的情绪无处发泄，最终走向极端。由此可见，忧郁是一种温柔的迫害，如果不及时排解忧郁的情绪，很有可能会带给人们严重的伤害。

心理课堂

心理学家曾经对很多忧郁人格者进行过长期的研究，发现他们的“冷暴力”往往更具杀伤力，能够让人痛在心里却无以言表。很多时候，激烈的争吵是一种情绪的发泄方式，很多人在发泄之后心中的愤怒就会削减，也就不会再被愤怒冲昏头脑。忧郁人格者则不同，他们不愿意争吵，而是把所有的不快和痛苦都埋藏在心里，当其积累到一定的程度之后，再以极

端的方式发泄出来，然后依然保持着沉默。恰恰是这份沉默，让人最难以忍受，也给人最深的伤害。

一个人，并不能代表整个人群

消极型人格者，其心思更为细腻敏感。很多时候，别人一句无心的话，甚至是漫不经心的行为，就会在他们心中激起波澜，甚至让他们感到无助和无望。所谓说者无意，听者有心，用在消极型人格者身上，再合适不过了。

很多消极型人格者都惧怕与人相处，因为他们害怕对自己的伤害会猝不及防地冒出来。也许同样一件事情，放在粗枝大叶的人身上就是不足挂齿的，放在消极型人格者身上，就成了心中无法迈过去的坎儿。因而，相当一部分消极型人格者与人交往都有一定的心理障碍，他们更愿意相信自己，也更喜欢独处。但是，人是群居动物，尤其是现代社会要求人与人之间的联系更为紧密，因而面对他人也就成为消极型人格者不得不接受的课题。那么，一旦受到伤害之后，消极型人格者会怎么做呢?

对于粗豪性情的人而言，也很不愿意与消极型人格者相处。毕竟，人说话总喜欢随心所欲，而没有人愿意终日提心吊胆地谨言慎行。一旦不小心伤害了消极型人格者，他们也许就会对你怀恨在心，而很少会怀着豁达的态度把自己的不快说出来，积极解决。为了避免这种情况的出现，具有消极型人格者，都应该从放开胸怀做起。

大千世界，每个人都有自己独特的个性。正如一位名人所说，“这个世界上没有两片完全相同的树叶”。同样地，这个世界上也没有两个完全相同的人。即便是从一个娘胎里出来的兄弟姐妹，也会有不同的脾气秉性，其命运也大相径庭。因而，倘若你受到了一个人的伤害，千万不要因此就拒绝了整个人群。就像你不能因为被一朵花的刺扎到，就放弃整片花园一样。伤害总是无处不在的，善良友好的人也随处可见。因而，即便受到伤害，我们依然应该对这个世界满怀希望，为此而拒绝整个人群，永远不是智者所为。

老张以前在一片人口密集的居住区开过诊所，那里还生活着很多建筑工地的工人。有一段时间和老张住在对面的工人里，有个河南籍民工生病了，一连输液好几天，一来二去，老张就与他熟悉了。

一天中午，老张正在吃饭，那个河南籍民工突然走进来，说想借20元钱买烟，第二天发了工资就还。老张是个抹不开面子的人，就从抽屉里拿了20元钱借给他。然而，次日清晨老张醒来一看，对面民工住的房子已经搬空了。显而易见，那个河南籍民工就是因为知道他们要搬家了，所以特意来找老张借了这“不用还”的20元钱。当然，他也没敢多借，因为多借老张肯定不会答应他。20元是个很小的数目，老张也就放松了警惕。从此之后，老张对河南人的印象差极了。有一次，他的女儿谈了个河南籍的男朋友，老张知道之后极力反对，并且不停地说：“河南人都是骗子，不可信，你怎么能与河南人结婚呢？！”无奈之下，女儿只好妥协，谎称已经和河南男友分手了。

大概过了一个多月，女儿又带来一个男朋友，说他是河北人。老张看到未来的准女婿身强体壮，面相正直，非常满意地说：“嗯，这个小伙子不错！”在一年多的相处中，老张发现这个小伙子真的特别好，不但尊重老人，而且也很勤快，是女儿可托付终身的人选。为此，老张迫不及待地让女儿和女婿结婚，这样就可以成为名正言顺的一家人了。结婚之后，女儿很快就生了个大胖小子，抱着孙子的老张更加心满意足。直到有一天，女儿笑着对老张说：“爸爸，你的河南女婿不错吧？！”老张一头雾水，不明就里，这时女儿才说：“小孟就是我之前说的河南男朋友啊，因为你反对，我们只好说他是河北人了。现在，你也和小孟相处三年多了，对他还满意吗？还会因为他是河南人而不接受他吗？”听了女儿的话，老张不好意思地笑着说：“甭管哪里人，人好就好！”

因为被河南籍民工骗了20元钱，老张恼羞成怒，对所有河南人都很排斥。为此，女儿不得不谎称男友是河北人，让老张有机会了解这个河南的女婿，在得到老张真正发自内心地认可这个河南女婿之后，再挑明真相。因为老张的固执，也因为老张由于一个骗人的河南民工就拒绝所有河南人，所以女儿和女婿才不得不瞒他好几年。

其实，每个地方的人都有其一定的地域特色，但是他们并非是完全相同的。因而，我们如果不小心受到某个地方的人的伤害，也千万不要因此就把那个地方的人全部拒之门外。任何情况下，凡事都不是绝对的，我们必须怀着宽容友善、懂得变通的心，才能处理好人际关系，也不至于让自己太为难。

心理课堂

很多罪犯的孩子不管走到哪里都会受到歧视。难道贼的儿子就一定是贼吗？难道强奸犯的女儿就一定是女流氓吗？答案当然是否定的。每个生命都是独立的个体，除了那些医学范畴内的遗传病之外，人的品质并不会遗传。即使有影响，也是家庭与社会环境对孩子成长的影响，而并非是通过遗传的方式延续。因而，让我们怀着宽容的心接纳他人吧，即便他的身边有些人不那么友善，你也很有可能与他成为真正的好朋友！

第07章

恐惧型人格：别让自己蒙着眼睛看世界

生活中充斥着各种繁杂的事物，还有形形色色的人。面对他们，原本应该很坦然平静的你却莫名其妙地感到害怕，这到底是为什么呢？很不幸，也许你是一名恐惧型人格者。对此，你也许很难让自己做到落落大方，却可以通过后天的不断努力，让自己能够坦然地面对身边的人和事，帮助自己摆脱深深的恐惧。说来也许让人很难相信，恐惧型人格者害怕的东西千奇百怪，如果说有人害怕狗和猫，也许情有可原，但是有的人害怕密闭的空间，害怕密集事物的存在。只有深入了解恐惧型人格者的心理，我们才能更好地与其相处，帮助其克服恐惧，从容地面对生活。

面对他人的羞涩，也许会禁锢你的心灵

生活中，有很多人都特别害羞。他们不管是面对熟悉的人还是陌生人，总是呈现一张红红的脸。有的时候，偶尔需要其在公开场合说话或者演讲，他们更是紧张得打磕巴，甚至手心和额头都会沁出汗来；砰砰直跳的小心脏，仿佛要从其胸腔里跳出来一般，简直无法控制。这些，都是害羞的典型表现。那么害羞到底好还是不好呢？还记得小时候，笔者也是很害羞的人。每当家里来客人，都会贴着墙根走路，也很发愁称呼那些七大姑、八大姨、叔叔、舅舅等。

其实，害羞是一个中性词，用以形容人们的性格，根本称不上好与坏。它没有感情色彩，不像勇敢那样让人望而生畏，也不像胆小那样带着几分不屑。害羞就是害羞，只是脸红心跳而已，不会危害他人，因而无所谓好与坏。不过，凡事皆有度，一旦过度，就会给生活带来很多麻烦。如妈妈让你去打酱油，你却因为害羞，到了杂货店门口怎么也不好意思走进去说出打酱油的事情；如领导派你去与客户交涉，你却因为害羞被客户占尽先机，明明可以争取最好的结果，最终却特别被动，完全处于劣势；再如，你到了该交男朋友的年纪，却因为害羞每次都不敢去相亲，见到所有异性都低垂着头不敢说话，哪个男人愿意和一个如此羞涩的姑娘谈恋爱呢？

豆豆是个乖巧可爱的姑娘，从小就是父母的掌上明珠，学习也很努

力，品学兼优，是老师的宠儿。也许是因为平日里父母对她的管教严格，再加上老师对她重点栽培吧，豆豆特别害羞，而且性格很孤僻，很少与其他同学来往。她所有的生活似乎都是学习，只有在面对书本的时候，她才能做到落落大方，没有任何心理压力。

豆豆今天放学一回家，就发现家里来客人了。来人是她爸爸的同事，豆豆突然间很紧张，在爸爸让他与叔叔打招呼的时候，她面红耳赤，似乎紧张得要哭出来似的，什么也不敢说。爸爸有些不好意思地对同事说："这个丫头什么都好，就是害羞。"爸爸的话让豆豆再也忍不住眼泪了，马上哽咽起来。爸爸赶紧说："好啦，好啦，快回房间吧，这是叔叔，又不是大老虎，看把你吓的。"吃晚饭时，豆豆不管妈妈怎么说，死活也不愿意走出她的房间。无奈，妈妈只好把饭端到她的屋子里给她吃。

后来，学校里举行演讲比赛，因为豆豆的演讲稿写得好，老师特意推荐她参加演讲比赛。豆豆精心准备了演讲稿，在家练习得很好，却没想到在排练时，面对讲台下的同学们突然紧张得忘词了。而且，她心跳加速、手心出汗，还感到有些头晕。这可把老师吓坏了。就这样，豆豆失去了这次演讲比赛的机会，爸爸妈妈感到非常懊恼，他们这才意识到平日里对豆豆的严格要求带来了负面作用，甚至已经影响到了豆豆的学习和生活。

由于爸爸妈妈的严格管教，让豆豆从小就是个乖乖女。也因为老师的宠爱，品学兼优的豆豆几乎从未挨过批评。她的人生似乎过于顺遂，因而也就很少遭受挫折，甚至连心理的承受能力都变得很弱。然而，现代社会中人际交往能力是非常重要的，甚至是很小的孩子，也需要与其他小朋友打交道。如果缺乏社交能力，就会让孩子们过于羞涩，影响正常的人际交往。

其实，每个人在人生之中都会度过一段害羞的时期。比如孩子长大了，自我意识开始萌芽，那么也就有害羞的意识了。不过，随着年龄增长，再加上适度的引导，害羞的情况会渐渐好转的。其实，不仅仅孩子会害羞，很多成人也同样会害羞。假如一个成人从未在大庭广众之下发表过演讲，如果突然间让他当众说话，他也一定会心惊胆战，手心冒汗。既然害羞是人人都有的，我们又何必因为害羞感到难堪呢？！

要想改变害羞的状况，首先我们应该端正心态。既不要对害羞过于恐惧，也不要对害羞不以为然。只有我们让自己变得落落大方，才能抓住各种机会，更好地表现自己，这样我们的人生也会拥有更多的机遇。

心理课堂

在教育孩子的过程中，几乎每个父母都是望子成龙、望女成凤的。然而，父母们一定要注意的是，必须给孩子足够的空间自由地成长，他们才能更好地发展自己的个性，让自己变得更加勇敢和坚强。否则，一旦把孩子养育成温室里的花朵，孩子们就会变得胆小怯懦，严重时甚至会影响他们的社交能力和人际关系。当然，拥有自信也是帮助人们战胜害羞的有力武器。只要你的内心坦然，你就不会担心无法在他人面前好好表现自己；只要你充分自信，你也就不会在面对外界时忐忑不安。

你为何害怕，对症下药才能根治恐惧

和宽泛的恐惧相比，还有很多恐惧是针对特定事物的。其实，和对大多数事情的恐惧相比，对特定事物的恐惧会显得更加强烈，不过在治疗和缓解恐惧时也要有针对性。因而，我们无须因为对特定事物的恐惧而担忧，毕竟有些事物没有必要面对，而且对有些事物的恐惧也是能采取一定的方法加以缓解的。

很多人都知道在治疗生理上的疾病时要对症下药，其实，治疗心理上的障碍也是同样的道理，也需对症下药。如果想要彻底根除对某种事物的恐惧，就要先弄清楚事情的起因。唯有如此，才能有的放矢，事半功倍。

晋朝时乐广在河南当官。他人缘很好，朋友遍天下，因而虽然背井离乡，但是依然有好朋友经常去他家里聚会饮酒。乐广很大方，每次朋友去了，都竭尽所能地招待，好酒好菜，非常热情。然而，最近这段时间，好朋友已经很少来乐广的家里做客了。乐广觉得很寂寞，因而特意去好朋友家拜访，邀请朋友来家里喝酒。

到了好朋友家，乐广才知道，原来自从上次在他家喝酒之后，好友回家就生病了。好友支支吾吾地不肯说出原因，经乐广再三追问，好友才道出实情。原来，上次好友捧起酒杯正准备喝酒时，突然发现酒杯底部有一条纤细的小蛇正在酒里游动。这条小蛇通体乌黑，看起来活灵活现，他断定那是一条活着的小蛇。但是碍于乐广非常热情好客，好友不好推辞，只好硬着头皮把酒喝下，结果回家之后就一病不起。乐广听了之后左思右想，终于知道了问题的所在。他不由分说地再次把好友请到家里，同样在客厅里摆好酒桌，而且安排好友坐在相同的位置，还给好友用上次的酒杯。果不其然，当好友端起酒杯时，脸上再次呈现出痛苦的表情，原来他又看到了上次的那条小蛇。这时，乐广扭头看看后方的墙壁，这时好友突然恍然大悟地笑起来。果不其然，这就是乐广猜测到的事实，是乐广挂在墙上的弓箭在光影的折射下，把其影子投射在酒杯里，就像是一条活灵活现的小黑蛇。弄清了真相之后，好友心病尽消，再也不觉得恶心了。从此之后，好友隔三差五就来与乐广相聚，他们在一起饮酒畅谈，不亦乐乎。

这个“杯弓蛇影”的故事，相信朋友们早在读书时就已经知道了。因为弓箭映在酒杯里，导致乐广的好友喝酒之后生了病，这其实就是对特定事物的恐惧。乐广看到好友久不来做客，因而特意去好友家拜访，探明原因。当听说酒杯里有蛇，乐广起初也很困惑，经过思索，他才弄清楚事情的真相。不过，他并没有解释，而是再次把好友请回家里，坐在相同的位置上喝酒。当好友再次看到这条小蛇之后，乐广当场做出解释，消除了好友的心病。如此一来，好友心中的恐惧消失了，病自然也就好了。

现实生活中，很多人都会对特定事物感到恐惧。通常情况下，这种恐惧是有原因的，往往是因为曾经的生活经历，才会导致心中留下阴影。例如，如果一个人对于水的害怕超出常理，那么通常他曾经一定被水淹过，或者被水呛过。再如，如果有的人特别怕狗，那么也许是被狗追过，甚至是咬过。要想帮助他人消除或者减轻心中的恐惧，最重要的就是探明原因，然后有的放矢地帮助他们接受所恐惧的事物，切实认识到这些事物并没有那么可怕。

当然，还有的恐惧是莫名其妙的，没有任何原因。这主要是因为人们觉得这种事物让他们感到难受，或者让他们感受到威胁。人本能的就会趋利避害，这可以说是人们自我保护的机制在发生作用。日常生活中，恐高症、动物恐惧症等都很常见，还有些人的恐惧症比较特殊，是对尖锐的东西、锋利的刀具，甚至是对风或者孤独感到恐惧。由于这种恐惧是特定的，因而可以尽可能地避免接触诱发恐惧的因素。但实在无法避免时，还可以进行心理干预，从而减轻恐惧的程度。

心理课堂

所谓系统脱敏法，就是让患者尝试着接触自己恐惧的事物，时间由短到长，渐渐增长，给心理一个适应的过程。当然，对于恐高患者来说，可以不靠近高层的窗户或者坐飞机，避免从事需要爬高的工作。很多事情都有解决的办法，只要我们努力地战胜自己，成为真正的强者，就一定能够让诸多情况得到改善。当我们战胜了内心的恐惧，我们就能够无所畏惧地面对整个世界。

在封闭的环境里，如何坦然自处

有一种恐惧症，叫幽闭恐惧症。患者不能在封闭的空间里独处，否则就会觉得心跳加速，头昏脑涨，甚至因为极度的恐惧产生意识上的障碍。为什么人会对空荡荡的四面墙壁感到恐惧呢？从本质上来说，幽闭恐惧症是人们因为面对完全封闭的空间而产生的难以自制的焦虑。它在生活中非常常见，很多患者在乘坐电梯、飞机时，都会因此而产生恐慌的情绪，甚至出现明显的症状。

幽闭恐惧症也属于对特定事物的恐惧，不过，幽闭恐惧症是因为创伤性事件引起的，因而很难消除。患有幽闭恐惧症的患者，不管面对怎样的封闭空间，都会发生反应，产生恐惧。当然，有很多人都不能从科学的角度来了解幽闭恐惧症，甚至有些患者因为害怕被他人嘲笑，即便心中非常恐惧，也不敢表达出来。曾经有统计机构对此进行过专门的统计，只有不到四分之一的幽闭恐惧症患者能够主动寻求治疗。众所周知，任何原本不那么严重的病，一旦任由其发展，就会逐渐恶化，幽闭恐惧症也是如此。倘若患者不敢把自己的症状说出来，也不去主动寻求医疗的援助，那么他们的症状一定会越来越严重，直到影响正常生活。诸如，有很多症状严重的患者，即使是在宽敞明亮的房子里，也不能忍受关闭门窗。就算外面大雪纷飞，他们也必须敞开窗户。毫无疑问，这使其正常生活受到极大的影响。

小敏是一家化妆品公司的推销员，原本她所在的公司只在一家商场里有柜台，因而小敏每天的工作就是在该柜台销售化妆品。后来，随着公司的发展越来越好，老板决定在写字楼里成立总部，而且要全面拓展业务，在全市的很多商场都铺货，设立销售专柜。由于小敏对公司产品非常熟悉，而且销售经验也很丰富，因而被提升为销售部主管，办公地点也在写字楼内。

工作得到晋升，这当然是件好事，但是小敏却高兴不起来。原来，老板租的办公室在写字楼的28层，小敏不得不每天乘坐电梯上班。老板不知道的是，小敏有幽闭恐惧症，只要进入密闭的空间就会觉得心慌气短，头昏目眩。思来想去，小敏觉得这个工作的机会千载难逢，因而她决定每天爬楼梯上班。为了准时上班不迟到，小敏不得不每天提前半个小时来到大厦，看着其他人都在等着坐电梯，她吭哧吭哧地爬楼梯。有段时间，小敏因为得了重感冒，体力不支，只得硬着头皮坐电梯，再加上上班时段电梯里拥挤的人群，她觉得简直要窒息了。到了办公室，她总是要休息很长时间才能缓过神来，工作效率也大幅下降。最重要的是，小敏每天并非只需要坐一次电梯，有的时候遇到和老板一起外出巡店，她要坐好几次电梯上下楼，于是脸色蜡黄，就像是得了一场重病。看到小敏难受的样子，老板经过询问才得知小敏无法战胜的恐惧。为此，老板主动为小敏调换了一个工作岗位——市场督察员。这样，小敏可以在几个商场的专柜间轮流转，再也不用去公司坐电梯到28层了。

幸好小敏遇到的老板非常通情达理，不然一定会对小敏的恐惧感到不理解，甚至对小敏有看法。现在的小敏，不但不用坐电梯了，还有了一份很好的工作，负责公司整个市场的督导工作，也是非常理想的。

现代社会，到处都是高楼大厦，甚至居住的房子想要买到不带电梯的花园洋房都很难，更别说是办公场所了，动辄都是在十几层，甚至几十层。尤其是在大城市，地广人多，大多数人上班都在很远的地方，必须乘坐地铁或者城铁，才能快速到达单位。尤其是遇到需要出差的时候，高铁、飞机，对于幽闭恐惧症患者而言都是巨大的考验。由此可见，幽闭恐惧症患者在生活和工作中面临的挑战多么大。那么，如果你没有遇到小敏那样的好老板，或者老板无法给你安排不需要乘坐电梯的工作岗位，你就只能采取治疗的方法，让自己的恐惧尽量减轻，这样由于严重症状引发的负面作用也会最大限度地减小。

心理课堂

要想战胜幽闭恐惧症，可以采取直接面对的方法，强迫自己接受幽闭的环境，如果觉得直接进入幽闭的环境刺激性太强，也可以采用播放幻灯片、观看影片等方式营造幽闭的环境，从而帮助自己认清楚幽闭的环境其实并不会对人造成切实的伤害，而一切的恐惧实际上只来源于人们的内心。就像是人体突破运动的极限一样，当人们战胜了内心深处对于幽闭环境的恐惧，恐惧感就会减退，或者不复存在。总而言之，我们不能把自己封闭在心门之内，而应该勇敢地打开心门，走出去，接受阳光的慷慨馈赠，享受灿烂的人生。

噩梦，是又一次伤害也是痛苦的挣扎

所谓创伤后应激障碍，顾名思义，就是指在亲眼目睹悲惨的事情发生或者亲身经历悲惨的事情之后，心灵受到巨大的创伤，导致短期内根本无法愈合，从而使精神紧张，潜意识不由自主地进入当时的骇人场面，从而形成又一次伤害。在外界的强烈刺激下，患者会出现精神恍惚、情绪激动，甚至不断做恶梦的情况。尤其是当生活中出现相似的情景时，患者几乎不能自制地再次回忆起当时的惊恐遭遇，导致情感激动，情不自禁地想要逃避。在冯小刚拍摄的《唐山大地震》影片中，由张静初饰演的主角，因为当时地震发生时亲耳听到她母亲选择让弟弟活下去，所以几十年来心中始终留有阴影，不断地回忆起当时的情形。直到几十年后，她才选择回到自己母亲的身边，原谅母亲，也解开了自己的心结。从此，那个困扰了她几十年的噩梦终于结束了。

天灾人祸总是不期而至，尤其是在自然灾害和战争之中，有很多人都会出现类似的情况。在十几年前的“9·11”恐怖袭击中，当时恰巧在现场的美国民众依然有很多人心有余悸，甚至有些人还会出现幻听的现象。尤其是当巨响出现时，他们更是本能的以为是爆炸了。还有2008年的汶川地震，由于地形复杂，环境恶劣，导致救援工作进展缓慢。在救援的过程中，那些神经紧绷的战士和普通民众，哪怕只是听到任何微小的声音，都以为是余震来临，会产生极度的恐慌情绪。其实，创伤后应激障碍在生活中很常见，哪怕只是经历一次小小的车祸，也会使人心有余悸。那么，如何分辨哪些患者真的患上创伤后应激障碍了呢？对于症状不太明显的患者，经过时间的流逝，创伤会慢慢恢复。而对于症状严重者，也许会长久地沉浸在悲痛之中难以自拔，愈合也就变得更为困难。

现实生活中，灾难的发生往往猝不及防，除了自然灾害之外，还有很多其他的因素也会导致创伤。由于个体差异，即每个人对待灾难的承受能力，对待感情创伤的愈合能力都是不同的，因而每个人的症状和痊愈情况也完全不同。

对于那些能够主动寻求心理援助的患者，也许愈合还会更加容易些。但是有些患者却自以为坚强，努力地支撑自己，不让自己倒下去。最终，他们在高估自己能力的情况下，给自己带来了严重的心理影响，甚至贻误了治疗，导致病情愈来愈重。

前段时间，在北京八达岭野生动物园，由于一位女士在景区私自下车，导致遭到老虎的袭击。在援助她的过程中，她的母亲也不幸被老虎咬死。她自己则深受重伤，从肉体到心灵，都承受了沉重的打击。在这件事情中，同在现场的丈夫也对其妻子伸出援手，又眼睁睁地看着其岳母被老虎咬死，承受了巨大的心理压力。当时，这位女士三岁的孩子也在车上，亲眼看到外婆被老虎咬死，妈妈也险些被老虎吃掉的全过程。可想而知，对于三岁孩子的稚嫩心灵而言，这是一件多么悲惨而又惊骇的事情啊！从目前来看，虽然这个孩子还没有表现出心理的异常，但是在未来，他的心理发育有可能会因为这件事情受到影响。

在与他人交谈的过程中，孩子总是说想念外婆，还说她被老虎吃掉了。三岁的孩子已经拥有了记忆的能力，如果不及时开展心理干预，关注孩子的心理健康，也许后果不堪设想。在这个稚嫩的心灵中，也许曾经无数次做恶梦想到当时的情形，但是他却无法完整而又准确地表述自己的感受，因而需要外界更多的关注和爱护。

在这个真实的事例中，孩子的心理受到的创伤，必然使他在未来的成长中受到深刻的影响。也许他现在因为年纪小，不能认识事情的本质，但是在他的潜意识中会把这件事保存下来，待他成年后让他承受生命不能承受之重。

心理课堂

认知行为疗法，是一种改变思维的方式，帮助患者直面残酷的现实，从而避免患者在逃避的心理状态下无数次承受噩梦的折磨和困扰。很多患者在灾难发生之后还会陷入深深的自责之中，那么应该告诉患者灾难的到来谁也阻止不了，也不是任何人的责任和过错，应该学会原谅自己，不要过于自责。当患者情绪变得舒缓后自然能够减轻症状，从而做到真正的释怀。

密集恐惧症患者，无法控制的联想

所谓密集恐惧症，顾名思义，就是对密集物体感到恐惧的心理症状。在《爱莲说》《荷塘月色》中出现的莲蓬，备受文人青睐。但在现实生活中，却使很多密集恐惧症患者感到痛苦不堪。还有很多人都喜欢向日葵，它们的花盘又大又圆，密密麻麻的都是成熟而又饱满的果实，看起来就让人心生喜悦。然而，密集恐惧症患者同样对此深恶痛绝。其实，密集恐惧症患者并非真的对密集的物体感到害怕，而是对密集的物体有一种本能的反应。在青少年之中，密集恐惧症更加高发和多见，实际上是因为青少年的想象力更加丰富，而且没有足够的经验应对这些刺激，最终导致其思维不由自主地朝着坏的方向发展——心生恐惧。

由此不难看出，密集恐惧症患者的发病，与其强大的联想能力有着一定关联。他们害怕的并非是物体本身，而是由此引发的可怕联想。患有密集恐惧症的患者，不管是看到向日葵，还是看到莲蓬，亦或者是看到有很多小点点或者重复图案和花纹的布，都会觉得非常痛苦。也许我们还可以选择是否看向日葵，但是当你行走在路边，看到那些密密压压地生长着的灌木叶时，是否也会有难受的感觉呢？因而，我们还是应该尽量想办法应对密集恐惧症，否则当其发展到一定程度，就会对我们的生活产生不良的影响。

最近，汪峰正在追求林丹。这不刚刚下班汪峰就在单位门口等着林丹，要带她去一家新开的餐厅吃饭。

汪峰是南方人，天上飞的，地上跑的，没有什么是他不敢吃的。为此，他带着林丹去了一家以蜂巢为主题的原生态餐厅。在进入餐厅之后，看到很多蜂巢的造型，林丹其实已经开始有些难受了。不过看到汪峰兴高采烈的样子，她不想扫汪峰的兴，因而一直强忍着。后来，汪峰很快地点了菜，并且脸上带着神秘的微笑，说："一会儿有个菜，你肯定没吃过，但是人间美味啊，你必须吃！"林丹疑惑地问："到底是什么菜呢？我这样一个吃货，居然都没吃过。"等了一刻钟左右，服务员开始上菜了。

先是一个凉菜，紧接着林丹闻到一股奇异的香味，不禁朝着服务生手里的盘子看去。这一看之下，她情不自禁地发出一声尖叫。汪峰很惊讶，赶紧问："你怎么了？"只见林丹脸色苍白，指着服务生放在桌子上的盘子说："这是什么？"说完，她甚至害怕地闭上了眼睛，再也不愿意睁开，连声地喊着："拿走，拿走，快点儿拿走！"看到林丹的反应如此激烈，汪峰赶紧喊来服务生把盘子拿走，这时林丹才惊魂未定地睁开眼睛，说："刚才的是什么？"汪峰笑着说："是炸的竹虫啊，特别香！"林丹难受地说："我不能看到密集的东西，刚才差点儿昏厥了。其实刚进这家餐厅，看到蜂巢的装饰我就有些难受，但是我以为我能坚持，万万没想到你会点来那个玩意儿。有一次我在网上看到它的图片，整整难受了一天！"汪峰惊讶地看着林丹，林丹解释说，"我有密集恐惧症，所以下次咱们约会的时候，你一定要记得不要穿密集图案的衣服啊！"汪峰这才了解了真相，抱歉地说："真是对不起，让你受到惊吓了。放心吧，我一会儿打包带走，不会再让你看到了。"

在这个事例中，林丹就是典型的密集恐惧症。不过，她的男朋友汪峰显然此前并不知道这件事，因而才会带她来到有少数民族特色的餐厅用餐，还点了口碑很好的野味——炸竹虫。想必在这次经历之后，汪峰一定会牢牢记住林丹患有密集恐惧症，甚至连选择约会的衣服都要多多注意呢。

密集恐惧症患者在生活中也很常见，只不过每个人的症状表现不同而已。有些患者症状较轻，虽然看到密集的东西有些难受，但尚且能够控制；有些患者则症状严重，一看到密集的东西，就会产生强烈的反应。在这种情况下，患者应该自己多多注意，尤其是与不熟悉的人交往时，一旦觉得不适，就应该及时告知他人，否则像汪峰这样原本是想给林丹一个惊喜，最终却变成了惊吓。

心理课堂

美丽的向日葵在密集恐惧症患者眼里变得面目狰狞。由此可见，事物在每个人心中投射的影像都是不同的。如果你是一个密集恐惧症患者，那么你一定要更加小心地照顾好自己。如果你的身边有密集恐惧症患者，那么你可要注意不要给他惊吓哦！

面对未知的世界，你才有无限的可能性

与糟糕的结果相比较，什么东西更让你觉得可怕？对于这个问题，很多人也许一时之间无法给出答案，但是心理学家对此给出了结论，即相当一部分人都认为，“未知”比糟糕的结果更加可怕。例如你正准备参加一个面试，但是你不知道面试官将会采用哪些变态的试题测试你，再如，你正给刚刚认识的女朋友发短信，但是女朋友的回信却迟迟未来，因而你坐立不安，不停地想象着对方是否对你不满意。为了摆脱这种让人煎熬的感受，人们采取了很多办法，诸如关掉手机，诸如做一些其他的事情转移自己的注意力，甚至还有可能果断地选择放弃。

什么是成熟？很多人觉得成熟是肉体和精神的双丰收。实际上，所谓成熟，只是你从心神不宁地面对未来，到现在能够镇定自若地接受一切的未知，这就是成熟。为什么从古至今，人们始终热衷于算命、看手相、看面相呢？就是因为人们想要提前预知自己的人生。随着封建迷信的破除，现在的迷信行为已经销声匿迹，但是新的预知未来的方式层出不穷，诸如星座。这一切的方式，对于我们而言都是为了摆脱不确定的模糊和焦灼感。当然，未必所有人都会因为未知而感到焦虑，反而有些人喜欢迎接充

满刺激的生活。假如让他们过那种一眼看到头的平淡寡味的生活，他们反而觉得无聊。归根结底，生活中还是恐惧未来的人更多，因为他们不知道如何面对未知，如何坦然接受未知。当长期生活在不确定因素之中时，他们一定会感到万分焦虑，甚至被强大的压力摧毁。

阿雷和小雅是一对夫妻，他们一起开了一家店，每日都一起工作，一起下班回家，一起买菜做饭。他们几乎一天24小时黏在一起，却从不觉得厌倦。对此，他们共同的好朋友——阿米夫妇则完全不同。阿米在一家出版公司工作，担任市场推广。阿米的老公徐宇，则在乐队里当鼓手，也是整日奔波。由于阿米经常需要出差，所以他们夫妻常常聚少离多。对此，阿雷和小雅觉得不可思议，徐宇则说："我难以想象你们整日上班和生活都在一起的感觉，不会觉得无聊吗？我反倒很喜欢我和阿米聚少离多的状态，所谓小别胜新婚，怎么也能觉得新鲜点儿吧！"

后来，阿雷和小雅的店倒闭了，他们不得不各自分散去找工作。阿雷进入一家房产公司，由于公司有个项目在外地，他也不得不被派驻外地工作至少一年。当听到这个消息时，小雅觉得不可接受。后来，她思来想去，终于想出了一个好办法，此时的她正好还没有找到合适的工作，索性也就收拾行囊，陪着阿雷一起去外地生活一年。看到如胶似漆的阿雷和小雅，阿米夫妇觉得很难理解。小雅却说："未来有着无限的可能性，我们要去面对未知的未来，但是我们必须一起面对。"

在这个事例中，阿雷和小雅是一对感情深厚的夫妻，而且他们表达爱意的方式很统一，那就是在一起。为了不和阿雷分开，小雅宁愿背井离乡去外地生活一年的时间，与阿雷不离不弃。为了爱情，她无惧未知的未来，非常勇敢，也很坚定执着。

其实，人生的魅力恰恰就在于它的不可知。假如人生能一眼看到头，没有任何弯弯绕绕，道路也始终平坦，那还有什么意思呢？！其实小雅的选择也没有错，趁着年轻，四处走走看看，还能与爱人相伴，岂不是人生一大快意吗？！

心理课堂

当人生陷入几十年如一日的重复之中，人生就会变得僵化，丝毫没有创新的余地。看看那些成功人士吧，他们无一不是勇敢地突破自己，最终才取得了伟大的成就。尤其是那些科学家，如果总是满足于现状，又怎么可能突破自己，超越自己呢？！从现在开始，不要再对未来心怀恐惧，就让我们张开双臂迎接美好的未来吧！

第08章

阴暗型人格：每个人的心里都住着一个小恶魔

《三字经》中记载，“人之初，性本善，性相近，习相远”。而荀子则说，“人之性恶，其善者伪也”。这两种截然不同的观点，到底哪种更加接近于人性呢？其实，人并非是绝对的善或者恶，再善良的人，心中也会有着不为人知的阴暗角落。而即使是个大魔头，也会有温情的时刻。因而，我们应该采取辩证唯物主义的眼光看待人心，即使发现了人性中的恶，也不要觉得难以接受。因为你的心底里，也一定有邪恶的一面。

有些人，为什么要以残忍的伤害为快乐

还记得小时候，奶奶买回来很多小鱼，你也向奶奶讨要了一条小鱼玩耍。你很喜欢这条小鱼，但是玩着玩着，你有些厌倦了，你想看看怎样才能把鱼杀死，于是你先是揭掉鱼鳞，紧接着又用小刀打开小鱼的肚子。看着奄奄一息的小鱼，你心中似乎有一种奇异的感觉升起，没错，那个时候你也许只有十岁左右吧！还有一次接连下了好几天的雨，你发现班里有个女同学穿着漂亮的白裙子，为此你在她经过水坑时飞快地从她身边跑过，她的白裙子溅上了很多泥点儿。看着那个女同学气急败坏的样子，你已经跑得很远了，却还忍不住回头放肆地笑着。在我们小的时候，这样的恶作剧被称为顽皮。随着年岁渐长，我们的顽皮不再是童真，而凸显出人性的丑恶。

生活中，有些人偏偏以残忍地伤害他人为乐趣，肆无忌惮地把自己的快乐建立在他人的痛苦之中。不得不说，这些人不再是顽皮，而是心理阴暗的表现。如今的网络上，各种虐杀小动物的视频横行，点击率却很高，由此不难看出，不但心理阴暗的施害者很多，心理同样阴暗的喜欢围观的人更多。当一个成年人热衷于展示他人的悲剧和灾难，甚至以伤害他人为乐趣，他一定是心理产生了畸变，导致其行为也越来越极端。

同虐待和伤害他人一样，暴力在生活中也很常见。为什么暴力屡禁不止呢？其实从孩童时期我们就会发现，很多男孩子都喜欢欺负比自己弱小

的人，并且以此为乐。他们似乎在欺负他人的过程中感受到自身强大的力量，并且乐此不疲。随着年龄的增长，道德的约束和规范会让我们改变这种阴暗心理，言行也更加规范，但是一旦有合适的时机，心底隐藏的恶还是会表现出来。对于心理阴暗者而言，伤害他人，能够给他们带来难以言述的快乐。他们心甘情愿地成为一个施害者，并且以此为乐，简直有欲罢不能的趋势。

从某种角度来说，施虐者的心理是极度扭曲的。他们越是看到受虐者痛苦的模样，越是感到莫名的亢奋和快乐。当受虐者的反应越来越激烈，他们也就会越来越变态地折磨受虐者。不得不说，这是整个人类社会的悲哀。

在刚刚结婚的那几年里，莉莉和温迪的确生活得幸福而又温馨。莉莉很庆幸自己找到了一个完美的丈夫，因为温迪不但在事业上很有进取心，对于家庭也有着强烈的责任感。其实，在和莉莉结婚之前，温迪是有过一段短暂婚姻的。对此，他告诉莉莉，他的前妻是个水性杨花的女人，莉莉也就对他满怀同情，且爱得更加深了。似乎女性总是有一种天生的母性，很愿意去保护那些看起来高大威猛内心脆弱的男性，抚慰他们受伤的心灵。

在结婚的第五个年头，温迪在工作中出现重大失误，导致他失去资格参加原本十拿九稳的副院长竞选，而且还被停了职。从此之后，温迪就像变了一个人一样，整日喝酒，不求上进。那一年恰逢全球金融危机，莉莉的公司大幅度裁员，莉莉也失去了工作。为了维持家庭的开支，莉莉很想开一家西点屋，而且她本身也很喜欢烘焙。原本她以为温迪一定会支持她，不承想温迪非常激烈地反对她，并且振振有词地说：“女人就应该以家庭为重，既然你被辞退了，就专心在家里照顾家人吧！”话虽然这么说，温迪却也没有振奋精神，仍旧每天都窝在家里。看到家里的经济状况日渐拮据，莉莉再次提出开店的要求：“咱们这样坐吃山空，迟早会无法维持生活的。如果你也不想工作，那咱们就一起经营西点屋，不是很好吗？！”听了莉莉的话，温迪突然暴跳如雷地喊道：“原来你嫌弃我了！你这个婊子，你还没当老板呢，就开始嫌弃我了！”话音刚落，温迪就扬起了拳头，开始狠揍莉莉。从此之后，温迪一发而不可收拾，只要与莉莉之间有任何分歧，他抬手就会打莉莉。在打莉莉的时候，温迪还会表现出非常快意的感觉，似乎是他正在暴揍自己不如意的命运一样。

在这个事例中，温迪的事业原本发展得一帆风顺，却因为意外的失误，导致他不但失去了竞聘副院长的资格，还被停了职。从此之后，温迪整日酗酒，性格也渐渐改变。面对莉莉的奋发上进，有着传统思想重男轻女的温迪，便把自己的失意全部都归结到莉莉的身上，因而总是打莉莉。看到莉莉受伤后的样子，他仿佛报复了命运一般，觉得非常开心。

对于温迪的心态，其实就是从其事业出现转折开始走下坡路开始的。温迪对于自己的生活特别不满意，却又没有信心重头开始，因而选择了逃避。当家庭生活状况每况愈下，而莉莉却不甘心继续这样下去的时候，他更是把所有的怒气都发泄到莉莉身上。其实，温迪的性格已经发生了扭曲，如果莉莉不注意保护自己，后果一定不堪设想。朋友们，在日常生活中，我们总会遇到一些心理阴暗者。他们或者是我们的家人、朋友，也或者只是路上偶尔遇到的陌生人。总而言之，对于这些“垃圾”人，我们一定要躲得远远的，这样才能有效地保护自己。所谓明枪易躲，暗箭难防。有些心理阴暗者看起来很正常，对此，我们也要提高警惕，拥有自我保护意识。

心理课堂

通常情况下，那些心理阴暗者都是有着异常生活经历的人。他们或者小时候家庭环境恶劣，或者长大以后自以为遭受到社会不公正的待遇，

因而导致心理扭曲。总而言之，一定是有外力使他们的情感和认知误入歧途，所以他们才会对他人、对社会心存怨恨。当负面情绪积累到一定程度时就会爆发出来，给身边的人带来伤害。因而，我们应帮助身边的人及时疏导情绪，在偶遇心理阴暗的人时，也要提高警惕保护自己。

得不到的就毁灭，这不是真爱的表现

一切的罪恶感都是凭空产生的，只不过是平日里长久的积累，最终在合适的契机突然爆发而已。从这个角度来说，真正的冲动犯罪其实很少，大多数犯罪虽然不是有预谋的，但是都是由负面情绪长期积累所导致的。正如人们常说的，也许人与人之间会存在没有任何理由的喜欢，也就是一见钟情，但是绝没有无缘无故的恨。当新生命呱呱坠地时不可能无缘无故地去恨一个人。如果随着时间的流逝他开始憎恨一个人，也一定是因为他们彼此的经历有了不愉快的交集。

前文说过，爱情是造物主赐予人类最美好的礼物。尽管爱情有着各种各样的表现形式，但是它的本质从未曾改变，那就是自私。没错，爱的本质就是自私的。自私的爱，让人们彼此相爱时，再也没有任何空间容纳任何人的介入。自私的爱还体现在强烈的占有欲上，爱，总是使相爱的人想要彼此占有，而不愿意放手。有些爱因为太自私，甚至变得让人窒息。所谓凡事皆有度，当自私的爱过度了，爱就会变得邪恶。

《圣经》中记载，弟弟亚伯由于得到了上帝的宠爱，因而被他哥哥盖伊杀死了。最终的结果是什么呢？得知真相的上帝非但没有亲近盖伊，反而对他更加疏远了。既然结果如此两败俱伤，盖伊又为何要这么做呢？归根结底，都是自私的爱在作祟。就像是在爱情中，很多原本相爱的情侣，有一方不再爱另一方后，移情别恋了，那么那个失去爱情的一方就会心生怨恨，甚至产生“我得不到的，就要将其毁灭”的极端想法。最终的结果是，失去爱情的一方并没能使爱情失而复得，而且他曾经包括现在都深爱着的人，也因为他自私的爱离开了人世。在生活中，因爱生恨导致情杀的事情从不罕见，由此可见有多少人的爱都是极端自私的。

村里的二华和小霞恋爱了。小霞是个好姑娘，不但人长得漂亮，而且通情达理，勤奋肯干，人人都喜欢她。看到二华居然如此有福气，其他小伙子们都羡慕极了。然而，在相处三个月之后，小霞渐渐发现二华是个好吃懒做、游手好闲的家伙。虽然他长得高大英俊，但是在做农活上，还没有身材矮小的李鹏能干！李鹏不但农忙时把庄稼地伺弄得好好的，农闲时还四处打工，挣些零花钱。刚刚高中毕业回家没几年，李鹏居然凭借自己的能力盖起了楼房，让很多女孩子都对他暗生情愫。

渐渐地，小霞开始疏远二华，对李鹏暗送秋波。二华却像张狗皮膏药一样死死地贴着小霞，虽然小霞已经无数次告诉二华不再与其交往了，但是二华就是不听。当看到小霞开始与李鹏出双入对后，二华终于着急了。一天傍晚，他吃完晚饭之后拿着一瓶硫酸等候在小霞与李鹏散步的必经之路上，等到小霞走近了，他先是苦苦地哀求小霞回到他的身边，小霞义正言辞地拒绝她后，他突然拿出硫酸泼到小霞的脸上，口中不停地喊着：“你不和我好，也别想和别人好！”就这样，如花似玉的小霞失去了美丽的容颜，被高浓度硫酸烧得人不人，鬼不鬼的。虽然公安机关最终制裁了二华，但是他给小霞带来的伤害却永远无法消除。

在这个事例中，二华就是典型的心理阴暗者。在恋爱的过程中，恋爱双方原本就是加深了解、双向选择的过程，他却不能容忍小霞离开他投入别人的怀抱，最终采取了极端的手段伤害小霞，导致小霞的一生都被毁掉了。

很多人因为心理扭曲，觉得自己就是全世界的主宰。他们任性地活着，总是认为自己理所应当得到一切。为此，他们很难承受失去的痛苦，哪怕原本就不属于他们的东西，他们也不能眼睁睁地看着它溜走。如此一来二去，他们的心里越来越变态，他们可以舍弃别人，别人却绝不能舍弃他们。他们很难接受自己所爱的人离去，更不能接受亲人的背叛，他们处理事情非常极端，总是非黑即白，而且肆意妄为，从来不考虑他人的需要和感受。自私地占有，是变态的爱情。真正的爱，是理解，是包容，是放手让对方得到幸福。

心理课堂

很多犯罪的冲动都没有明确的解释和原因，但是它们的共同点就是心理的阴暗和突然的爆发。有人说，“爱的反面就是恨”。其实，恨恰恰说明一个人并没有从爱的失落中走出来。只有遗忘曾经的爱，勇敢地开始新生活的人，才真正得到了解脱，也才能真正做到内心的释然。如果不爱了，请不要恨，而应感到遗憾，选择再也不见。

当杀人成为一种乐趣，世界也会为此黯然失色

在很多悬疑和惊悚片中，尤其是在美国大片中，有很多“连环杀手”和“变态杀人狂”的形象。艺术来源于生活而高于生活，其实这些大片中的很多情节都是根据真实故事改编的。那么，世界上为什么会有这么多变态的人以掠夺他人的生命为乐趣呢？难道世界这么大，他们就找不到其他有意义的事情去做吗？

现代社会的人，对于“杀人”这个词语已经不再陌生。在这个网络信息传递速度飞快的时代，几乎足不出户，就可以了解天下大事，甚至全世

界每个角落的事情，一旦上传于网络，几分钟之内就可以传遍世界。不得不说，这样的速度让人惊骇，也使得信息再也不可能被封闭起来。当发生杀人事件后，不但新闻报道会第一时间公布消息，很多影视作品也会作为载体，把这个来自真实的事件搬上荧屏。在看这些影视作品时，人们往往承受着巨大的心理压力，因为很多杀人狂的犯罪手段令人发指，甚至让人连观看还原的画面都觉得不能承受。

如果你曾经钻研过犯罪学，了解过那些变态杀人狂的案宗，你会发现他们之中的大多数都是男性，而且他们与受害者之间往往没有深仇大恨，通常只是有着一面之交的普通人，甚至是陌生人。那么，他们为什么要铤而走险触犯法律，却最终并没有得到任何利益呢？其实，他们之所以做出如此惨绝人寰的事情，并非为了利益，而只是为了满足自己的变态心理。

如果你曾看过电影《沉默的羔羊》，你会发现这些变态杀人狂也是有心理底线的。他们很少对熟悉的人下手，而在对陌生人下手时并非将其当成是人，而当成是诸如猫狗之类的动物。这样，他们才能迈过自己心里的坎儿，心安理得地实施罪行。其实，每一个正常人的心中也会有阴暗面，而当理智和道德占据上风，人就会遵守法律和道德规范，不至于干出连畜生都不如的事情。否则，一旦邪恶占据上风，人瞬间就会变成魔鬼，甚至比魔鬼更可怕。这就是人性的复杂和多变。追求刺激，是很多人都会去做的事。有人喜欢在电影中追求刺激，有人喜欢在人迹罕至的地方徒步旅行追求刺激，变态杀人狂则是通过杀人追求刺激。由此可见，变态杀人狂的道德感存在严重的缺失，他们根本无法把自己和别人都当成人来看。

很多心理学专家都曾对变态杀人狂展开研究，最终发现他们的精神呈现出异常。虽然他们还没有达到精神病的程度，但是恰恰是处于理智和清醒的状态，导致他们的犯罪手法更加凶残。如果追溯他们的童年生活，我们一定会发现他们经历了常人难以想象的事情，尤其是亲人的遗弃和背叛，或者至亲至爱的人曾经对他们的无情伤害，最终导致他们对于世界和人类充满憎恨。当杀人成为他们唯一的乐趣时，整个世界都会为此黯然失色。

卢卡斯是史上大名鼎鼎的杀人狂。早在童年时期，他就遭受母亲的虐待。有一次，母亲打瞎了他的一只眼睛，还有一次，他的脑部遭受母亲的重击后险些丧命。在这个世界上，母亲几乎是每个弱小的生命可以依赖的对象，但是卢卡斯从母亲那里从未获得过温暖和爱抚，有的只是伤害。

23岁的时候，卢卡斯终于有了报复他母亲的能力。他亲手残忍地刺杀了他的母亲，并且为此被判进入精神病院服刑，刑期是40年。后来，他得到假释，从此更加变本加厉，成为一个杀人狂魔。他从不选择被杀的对象，而是开着一辆轿车在公路上四处游荡，只要遇到一个孤独的行人，他就会毫不犹豫地动手杀人。他最喜欢的杀害对象是那些在公路上汽车抛锚的单身女性，她们柔弱无助地一个人站在旷野中。只要卢卡斯出来寻找“猎物”，就总是能够遇到这样的女性。当他以帮助她们的名义靠近那些女性后肆无忌惮地虐杀她们时，他觉得快意极了。再次在法庭上因为连环杀人遭受审判时，卢卡斯不以为然地说：“我和有些人喜欢散步一样，只是喜欢杀人的感觉而已。”

从卢卡斯对杀人这件事情的理解和态度上来看，他已经把杀人看成了家常便饭，所以他才会那么肆无忌惮、残忍地杀害一个又一个生命。从卢卡斯的经历中我们不难看出，一个人童年时期经历的苦难将会对他的整个人生产生深远的影响，这一点是毋庸置疑的。如果你为人父母，一定要给孩子营造良好的家庭环境，让他健康快乐地成长。

心理课堂

父母把孩子带到这个世界上，抚育孩子健康成长，也用自己的一言一行给孩子带来长远的影响。父母是孩子的第一任老师，比这个世界上任何人对孩子的影响都更深刻，效果也更显著。因而为人父母者，千万要谨言慎行，控制自己冲动的情绪，不要给孩子的一生埋下心理上的严重隐患。生活中，当看到身边的人有异常的行为表现时，也应该多多留意，这样才能更好地保护自己，避免灾难的发生。

阴暗情绪需要及时发泄

既然正常人心里也有阴暗面，那么为什么正常人不会像那些杀人狂一样做出变态和歇斯底里的事情呢？一方面是正常人心理健全，道德不会缺失，另一方面，正常人心智健全，能够积极地寻找合适的方式发泄不满的情绪，从而不会让负面的危险情绪淤积于心，最终导致无法控制地大爆发。

就像大禹治水最终获得成功的经验一样，治水最关键的是疏通，而不是堵塞。一味地堵塞，最终只会导致决堤，只有开辟通道引流，才能减缓水势。同样的道理，每个人的生活都不会是一帆风顺、尽如人意的。在这种情况下，就需要我们及时控制自己的情绪，关注自己的心理，从而找到最好的方法把不满情绪进行合理的发泄，从而保持心理健康和良好的心态。从心理学和社会学的角度进行分析，每个人的一切行为都是出于某种需求。根据马斯洛的需求层次理论，也可以说人除了满足最基本的吃、喝、拉、撒时是出于本能之外，其他一切行为都有深层次的心理原因。当这些需求或者动机带有罪恶的特征时，就会成为人们实施罪行的原动力。

对于正常人而言，他们能够用道德来约束自己，他们的理智告诉他们什么是可以做的，什么是不该做的。正是在这样的自我约束中，他们隐藏起邪恶的本性，发展自己善的一面，最终成长为符合社会规范和道德要求的社会人。不过，由于现代社会生存压力越来越大，工作节奏越来越快，很多正常人也需要及时发泄不满情绪，以放松自己。例如，很多销售公司每隔一段时间就会组织员工爬山、唱歌，或者聚餐，目的就是让员工在承受巨大的工作压力之后，能够找到合适的方式调整自己。心理阴暗的人，因为人际关系较差，既没有很多的朋友，也缺乏家人的关心，因而总是一个人默默地独处，最终导致其情绪失常。如今，网络上有一些虐待小动物的视频，大部分都是心理阴暗、坏情绪淤积于心又得不到发泄的人做出来的伤害行为。对于他们而言，虐待小猫、小狗、小兔子，在其过程中感受放松和不满情绪的宣泄。

婷婷是个命运多舛的女孩儿，在她八岁的时候就在一场车祸中失去了父母，从此以后，她就跟随姑姑一起生活。婷婷的姑姑家里本身有三个孩子，再加上婷婷，就有四个孩子需要抚养，负担的确很重，压力也非常大。为此，姑父经常和姑姑吵架，寄人篱下的婷婷总是胆战心惊。

有一次，因为婷婷不小心打碎了一只碗，姑姑就狠狠地揍了她一顿。从此以后，婷婷就经常挨打，家里不管有什么好吃的、好喝的，总也轮不到她。渐渐地，婷婷的心理越来越阴暗、越来越扭曲，她总觉得整个世界都抛弃了她，她怨恨一切。有一次，姑姑家的表妹过生日，得到了一只梦寐以求的小白兔作为礼物。看到表妹抱着小白兔眉开眼笑的样子，婷婷觉得很生气。周末，趁着姑姑一家人走亲戚时，婷婷居然拿出一把刀子，残忍地割掉了兔子的耳朵。看到兔子扭曲挣扎的样子，她的心里产生了异样的感觉，居然又对着兔子狠狠地捅了几刀，把兔子杀死了。

在婷婷心里，一定有着对于命运的极度不满。她失去了父母，不得不在姑姑家寄人篱下，又因为姑姑本身就有三个孩子，所以生活的担子特别重。婷婷虽然很想改变自己的生存状态，却又无能为力，只好趁着姑姑一家人不在家时，拿柔弱的兔子撒气。从某种意义上来说，她虐待兔子，就像自己在姑姑家遭受的不公正待遇一样。正是这种扭曲的发泄方式，让她的不良情绪得到了宣泄。

很多人都无法理解虐待或者虐杀动物的行为，尤其是那些生活幸福的人，总是对于小动物有着深深的悲悯情怀。殊不知，生活中还有很多人连自己都无法得到很好的照顾，又怎么可能内心满怀阳光地对待小动物呢？！

通常情况下，那些在生活中承受巨大压力的人，因为无处宣泄不良情绪，会虐杀小动物，缓解自身的压力，最终形成习惯。还有些人则像婷婷一样，自觉在生活中受到不公正的待遇，甚至是遭受暴力，由于没有足够的力量与施暴者抗衡，所以就把怨气和不满发泄到弱小的动物身上。他们只有在虐待小动物的时候，才能感受到自身的强大力量，重新找回失去的自信。当然，不管出于哪种原因，这都是心理不健康的表现，如果不能及时纠正，也许会朝着不好的方向发展，导致酿成无法挽回的恶果。

心理课堂

就像很多人一旦生气就喜欢摔东西发泄情绪一样，当心理阴暗者从虐杀小动物的过程中找到成就感和满足感后，就会渐渐地形成一种习惯。其实，施虐者在现实生活中往往是心中存在空缺的，他们无法与伤害他们、给他们压力的人对抗，也因为法律的约束，不敢对人做出什么出格的事情，就把怨恨和不满转嫁到弱小的小动物身上，从而体现自己的威严和主宰地位，获得自我满足。对于这些施虐者，应该及时进行引导，帮助他们舒缓不良情绪。否则，他们一旦杀红了眼，也许就会把魔爪伸向身边的人，到时候就不再是伤害小动物这么简单，而成了地地道道的杀人犯了。这听起来虽然有些危言耸听，但是如果任由施虐者肆意发展下去，终有一天它会成为现实。

第09章

忧郁型人格：你为什么会害怕做自己呢

忧郁型人格者很害怕面对自己，他们更愿意接纳他人，与他人亲密无间地相处，从而依靠他人，获得安全感。忧郁型人格往往非常自卑胆怯，他们的同情心往往泛滥，也很害怕独处。他们最害怕的事情就是做自己，因为他们无法面对真实的自己，而只愿意沉迷于虚构出来的世界里。

保持适度距离，避免人们之间亲密得无法喘息

忧郁型人格者，对于爱情的渴望是非常强烈的。他们喜欢那种亲密无间、彼此合二为一的感觉。很多时候，他们迷恋的是亲密的爱恋，而并非伴侣本身。他们爱一个人就是全心投入，根本不懂得保留。同时他们对于爱人的索取也同样炙热强烈，恨不得占据爱人的整个身心。正是由于这种极端的个性，使得忧郁型人格者的态度向来是非黑即白，非爱即恨，很少有中立的处事态度出现。他们的步步紧逼，往往导致其爱人觉得无法喘息，甚至感到失去了自由，即将窒息。对此，忧郁型人格者根本无法接受。当被爱人背弃，他们原本被幸福充满的心马上就会变得沮丧绝望，甚至产生毁灭一切的冲动。现实生活中，有很多女性在面对爱人的离去时选择自杀，就是典型的忧郁型人格的表现。

在忧郁型人格者心中，当彼此处于爱恋之中，任何亲密的关系都不足为惧。他们只追求更亲密，而永远不会觉得彼此间应该保持适度距离。在这种情况下，如果爱侣提出要保持适度距离，给予彼此更大的空间时，他们一定会歇斯底里，甚至认为对方的爱情悄然溜走了。如此一来，必然引发剧烈的冲突。

忧郁型人格者是爱情的殉葬品，他们在爱情之中有着飞蛾扑火的精神，向来毫无保留地付出，一心一意地为对方活着。他们认为爱情就应该是完全无私的，而且不能容忍距离以任何形式存在。他们也不能忍受分

别，哪怕只是短暂的分别，也会让他们觉得崩溃。整日黏在一起，也是忧郁型人格者对于爱情的不懈追求。从某种意义上来说，琼瑶笔下完美的言情剧，是非常符合忧郁型人格者对爱情的诸多要求的。遗憾的是，这样完美的爱情在生活中总是很罕见。尤其是随着社会的发展，爱情也进入快餐时代，就导致纯粹的、永恒的爱情变得更加少见。在忧郁型人格者身上，我们时常看到形影不离的爱情。

妮妮是个忧郁型人格者，对于爱情，她有着近乎执着和苛刻的追求。从少女时代开始，她对于爱情的标准从未改变。她始终觉得爱情应该是最美好的，容不得一点点瑕疵；既然真心相爱，就应该毫无保留地为对方付出，哪怕是宝贵的生命也在所不惜。相爱的人不能忍受片刻分离，总是一日不见如隔三秋。至于对男友的要求，就更高了。正是因为如此的高标准、严要求，所以妮妮直到36岁，才终于找到了她认为是命中注定的白马王子。

妮妮的男朋友是个海归人士，各个方面的条件都很优秀，而且因为常年在国外生活，所以很多方面都西化了。虽然他很喜欢和欣赏妮妮的古典美，但是相处一段时间之后，他却提出了分手。这是为什么呢？原来，妮妮除了上班的时间之外，几乎每时每刻都要和他黏在一起。有的时候，他想和朋友或者同事一起去酒吧喝酒，即使都是男人，妮妮也会厚着脸跟着一起去，这让他在朋友们面前很没面子。前段时间，他出差去上海一个星期，每天妮妮都会给他打电话，无所顾忌地问他在干什么，和谁在一起。在出差的第三天，妮妮居然在没有通知他的情况下，悄悄地来到了上海，还住在他对面的房间。这非但没有让他感受到爱情的灼热，反而觉得可怕。归根结底，爱情也需要给予彼此空间。当他提出分手时，妮妮先是表示反对，后来看到他去意已决，居然以吃安眠药的方式自杀想逼迫他回头。殊不知，这样的做法让他更觉得可怕。最终，他还是义无反顾地和妮妮分手了。

爱情就像手中握着的流沙，越是紧紧攥住，就越是容易从指缝间溜走。遗憾的是，妮妮虽然36岁才找到梦想中的白马王子，对于爱情，自己却没有任何的独特见解。也因为妮妮的亦步亦趋和强烈的占有欲，最终其男友提出了分手，并且即使在妮妮自杀的情况下，也依然义无反顾。

爱情不是捆绑，更不是束缚。真正完美的爱情，能够让我们在需要的时候有一个温暖的肩膀可以依靠，在我们想要得到自由的时候又有广阔的天空可以自由翱翔。否则，一旦爱成为负担，成为让人窒息的密闭空间，相信大多数人都会仓皇而逃，更别说享受爱情的幸福和美好了。很多忧郁型人格者还特别固执，当他们一厢情愿地陷入单相思，根本就不会顾及对方的想法，也不会在乎他人的看法，一味地只是按照自己的心思死死纠缠。越是这样，他们反而越是得不到爱人的青睐和赏识，不得不说这是爱的悲哀。

心理课堂

任何情况下，爱情都是双向的，才能变得幸福美好。如果爱情成为一方的一厢情愿和死死纠缠，那么爱情的美妙滋味就会变得不复存在，很多爱人之间的相处也会变得异常艰难。还有一点需要注意的，忧郁型人格者在爱情之中更注重精神恋爱，他们甚至崇尚柏拉图式的精神恋爱，而没有把性爱摆放在重要的位置。他们在爱情之中是典型的唯心主义者，坚持认为有情饮水饱，只要与所爱的人心心相映，就没有什么事情是不能接受和包容的。这样全心全意的付出和无条件的包容，既是爱情的幸运，也是爱情的不幸。

当你不动声色地折磨别人，其实更是在折磨自己

很多人觉得忧郁型人格是没有侵略性的，因为他们在日常生活中总是表现得温文尔雅、逆来顺受，而且非常友善和气。实际上，这种对于忧郁型人格者的看法是被其表象蒙蔽了的，拥有这种看法的人一定是不了解忧郁型人格者的。忧郁型人格者虽然不会做出过激的举动来伤害他人，或者表达自己的不满，但是并不意味着他们心中没有任何意见。通常情况下，当他们心中感到不满时，他们会选择默默承受，而把不满淤积于心。随着时间的流逝，忧郁型人格者心中的不满越积越多，最终，他们会采取沉默的方式消极抵抗，或者默默地表达自己的不满。甚至，他们胸膛里蠢蠢欲动的火山随时都有可能爆发，作为他们身边的人，我们又该怎么做才能帮助他们宣泄不满情绪，及时让其恢复平静的心绪呢?

在爱情中，忧郁型人格者对于伴侣无私的付出，更像是一种温柔的迫害，害得伴侣透不过气来。一旦与伴侣发生争执，他们又会采取消极抵抗的方式，以冷若冰霜的表现，把彼此间的温度瞬间将至冰点。很多情况下，忧郁型人格者并不知道自己对于伴侣的关心和照顾也是一种伤害，他们反而觉得这是对爱情最佳的态度。有的时候，如果伴侣不小心犯了什么错误，他们也不会当即指出，而是以更加无微不至的爱唤起伴侣心中的愧疚感，让伴侣感到羞愧和窒息。那么，当这些方法都不管用时，忧郁型人格者又会怎么做呢?大多数忧郁型人格者的爆发不会针对他人，而是更多地伤害自己。这么做完全是出于同样的目的，既让他人觉得愧疚，从而受到良心的谴责。当然，也不乏有些忧郁型人格者真的觉得自己在某件事情中负有不可推卸的责任，因而他更加深切地自责。当负面情绪长期淤积之后，很多忧郁型人格者的身体就会出现很多疾病，而且是找不到病因也无法治愈的疾病。现在社会，癌症越来越多地困扰人们的生活，其中有很多

类型的癌症都被归结于心因性疾病，是由于情绪长期低沉消极、悲观绝望引起的。人生苦短，既然笑着也是一天，哭着也是一天，为什么我们不能更多地以笑靥面对人生呢？！

张骞和艾玛的婚姻，看起来是非常完美的。张骞是医生，艾玛是老师，他们俩的职业都是受人尊重，有一定社会地位的。的确，医生和教师的搭配总是让人羡慕，但是婚姻就像鞋子，是否真的合脚只有自己才知道。张骞很清楚，他与艾玛并不幸福，这一点从艾玛整日紧绷着的脸就能看出来。

原来，因为职业的关系，张骞经常需要值夜班，有的时候虽然在家休息，但是只要电话响起，他马上就要去医院。为此，张骞和艾玛结婚度蜜月之后几乎从未出去旅行过。艾玛则不同，她是老师，每年都有寒暑假，有很多时间出去旅游。无奈因为张骞，她也不得不宅在家里，她郁郁寡欢。此外，张骞是个稳重型的男人，平日里很少说话。艾玛呢？是个忧郁型人格者，她心思细腻。有一次，艾玛意外地在张骞的外套上发现了一根长头发，虽然张骞再三解释也许是从哪位女同事的衣服上粘的，但是艾玛的心里却有了疙瘩。整整一个月的时间，艾玛都不理张骞，但是她依然做好自己的分内之事，给张骞洗衣做饭，任劳任怨。如此的家庭冷战，让张骞在紧张的工作之余，身心俱疲。有一次，他甚至在手术台上精神恍惚，差点儿出了手术事故。张骞无法忍受这种温柔的迫害，他甚至宁愿艾玛能够痛痛快快地和他吵一架，发泄出心中的不满，这样至少能够尽快恢复正常的生活啊？！最终，张骞提出了离婚。

很多人不喜欢吵架，觉得吵架是劳民伤财的事情。殊不知，曾经有心理学家经过研究发现，情侣之间的争吵有助于深入沟通、彼此了解，尤其是在争吵之后又和好时，他们会发现彼此间的感情更加深厚了。而冷暴力则不同，一味地沉默让相爱的人根本不知道问题出在哪里，也许其中忧郁型人格者会心如死灰，但是另外一方却压根儿不知道发生了什么事情。又或者，因为忧郁型人格者长久的沉默，原本想要好好解决问题的另一方也终于失去了耐心，最终选择放弃。如此一来，爱岂不是永远被误解了，再也没有和好的机会了吗？！

众所周知，婚姻是需要经营的。原本两个完全陌生的人，有着不同的生活背景、教育经历、人生观念等，却因为爱走到一起，在同一个屋檐下生活，风雨同舟。这样一来，难免会产生很多大大小小的矛盾，唯有彼此间更加包容和理解，才能继续生活下去。尤其是在发生问题时，沟通一定是必不可少的。及时的沟通不但能够帮助双方相互了解，还能使问题在最短的时间内得到解决，不至于无休止地拖延下去。

心理课堂

忧郁型人格者需要培养自己发脾气的能力，没错，发脾气就是一种能力。很多情况下，发脾气能够让问题彻底暴露出来，得到及时的解决，也能让爱人彼此之间更加了解，相互体谅，从而为爱情的发展奠定坚实的基础。记住，任何时候冷战都不能彻底解决问题，而只会使问题不断升级，最终使结果恶化。当我们以豁达的心胸对待不够完美的爱人时，其实也就是以宽容的态度宽宥了自己。

残酷的拒绝，让你无法面对他人和社会

人是有着七情六欲的，面对生活中的各种挫折和苦难，抑或是惊喜和馈赠，人们的情绪也随之不断地变化着。在这种情况下，忧郁型人格者是非常内敛的，他们很少像那些积极乐观的人一样把一切情绪都写在脸上，他们更善于压制自己的感情，更善于伪装自己。当这些或喜或悲的情绪在

他们心中不断地堆砌，他们的心理渐渐扭曲，最终会变得自艾自怜，郁郁寡欢。

作为中国的四大名著之一《红楼梦》，很多人都喜欢其中的林黛玉。林黛玉无疑是典型的忧郁型人格者。也许是因为她从小父母双亡，寄人篱下，也许是她本性就敏感忧郁，林黛玉看到落花也是“感时花溅泪”。喜欢《红楼梦》的人，对黛玉葬花的情节了然于心。当看到林黛玉扛着锄头，满眼悲伤地埋葬那些过了季节的花朵时，同样的忧郁型人格者一定会感同身受。这就是忧郁型人格者的特点。对于大多数人而言是常见的情形，在他们的眼中和心里，就会变得无限悲伤。

和那些人生中的乐天派相比，忧郁型人格者的精力显然不那么旺盛，体质也显得比较柔弱。他们的忧郁甚至能够让天空也黯然失色，而且他们还很容易自我封闭，不愿意与更多的人交往过密。和那些小时候能够从母亲身上得到满足的人相比，如果一个人从小就被母亲抛弃或者缺乏母爱，那么他变得忧郁的可能性就更大。安全感，对于幼儿的成长而言是至关重要的，这一点毋庸置疑。因而，作为父母一定要竭尽所能地给予幼年时期的孩子以安全感，这对于孩子一生的发展都有莫大的好处。如果你曾了解过某些罪犯的成长经历，你就会发现那些罪犯在童年时期都没有从感情上得到满足，甚至还曾经遭受虐待。当然，与疏离和缺失相比，过度的宠爱也同样会给孩子的心理带来畸变。因而，尤其是作为母亲，一定要给予孩子恰到好处的关爱，不但要给予他们身体成长所需的养分，也要给予他们的心灵以滋养和抚慰。

淼淼是个非常乖巧的女孩，很少说话，而且表现出与她的年纪——五岁不相符的理智和冷静。在幼儿园里，其他小朋友都很活泛，有的时候还会向老师要糖吃，唯独淼淼乖巧得让老师不适应，因为她实在是太沉默了，从不给老师添麻烦。这到底是为什么呢?

原来，淼淼在家里经常被妈妈拒绝。早在她还是个小婴儿的时候，因为妈妈忙于工作，每次给她喂奶都是急急忙忙的，还常常不等淼淼吃饱，就冷漠地把她放回小床上。两岁之后，淼淼开始有了记忆。每次当她像其他孩子一样把家里弄得乱糟糟的，都会得到妈妈毫不留情的批评。有段时间，淼淼甚至不敢碰玩具，因为害怕被妈妈训斥。随着年纪渐渐增长，不管淼淼提出什么要求，她妈妈都会毫不犹豫地拒绝她。在超市里，淼淼想吃一块巧克力，妈妈只有两个字作为回答："不行！"从幼儿园放学之后，淼淼想要和其他小朋友一起去小区广场玩会儿，她妈妈也会拒绝她的要求。就连淼淼想要吃红烧肉的简单愿望，也完全要看妈妈的心情。就这样，淼淼渐渐对生活失去希望，也不怀憧憬。妈妈为她提供什么，她就接受什么，她几乎从不再主动去要。如今在幼儿园里，淼淼依然是这样的状态。虽然这样显得很乖巧，不会给老师带来额外的负担，但是对于她未来的人生肯定是有百害而无一利的。

在这个事例中，淼淼因为从小就被深深依赖着的妈妈拒绝，最终导致她对生活失去希望，一味地被动接受。虽然淼淼的妈妈对此毫无察觉，但是老师却一眼就看出来淼淼与其他孩子的不同。这样的幼年成长经历，必然会对淼淼的一生产生深远的影响。

当一个人一直害怕被拒绝，也就会变得越来越自卑，在生活和工作中裹足不前，严重影响其追求进步。曾经有一位忧郁型人格的儿童说，"我不应该来到这个世界上"，这句话让人听起来深受震撼，也感到心痛。原本，孩子就应该是无忧无虑、很少有顾忌的。如果一个人从孩童时代就变得畏首畏尾，那么他的人生也必然故步自封，徘徊不前。

心理课堂

不要轻易地拒绝他人，尤其是把你作为父亲或者母亲深深依赖的孩子。当你无数次拒绝他们之后，他们对于世界上最疼爱与最亲近他们的你

们，已经产生了深刻的绝望，你却毫无知觉。任何情况下，拒绝都是残忍的。也许当成年人遭受拒绝时还可以安慰自己，但是孩子的心智还没有发育成熟，他们只能从父母那里获得依赖感、满足感和安全感。所以，你该知道作为父母肩上的担子有多么重啊！

你不敢拒绝他人，是因为绑架了自己

前文说过，很多忧郁型人格者是因为童年时期遭遇了太多的拒绝，所以习惯了逆来顺受，习惯了压制自己的欲望和心愿，从而顺从父母的意愿。与此相反的是，很多忧郁型人格者虽然从来不敢轻易提出要求，但是也不敢拒绝他人，这是为什么呢？

丝丝是个很温柔的女孩儿，说话的声音很小，面色平和，给人一种安详宁静的感觉。对于这样的女孩儿，她身边的很多男性都暗暗爱恋她，但是也许是因为他们觉得自己配不上丝丝吧，所以很少有人向她表白。要知道，丝丝可是名牌大学毕业的大学生，不但身材高挑、皮肤白皙，而且容貌清秀，简直就是男人心目中理想的女朋友。

让大家都很惊讶的是，最终，那个诸多暗恋者中条件相对较差的马原，成了丝丝的男朋友。大家百思不得其解，只要丝丝愿意，一定能找到比马原好得多的男朋友啊！只有马原知道其中的原因，心中为自己的先下手为强暗暗窃喜。

原来，马原曾经有意无意地与很多丝丝的暗恋者交流过，他们都觉得自己配不上丝丝，因而迟迟不敢展开追求的攻势。对于大家的这种心态，马原却不以为然。他早就暗暗观察过丝丝，觉得丝丝虽然优秀，但是是个很软弱的女孩儿。她很少说话，也未必有主见。处于这种心态，马原开始偷偷地追求丝丝。当然，不能说丝丝对马原是非常满意的，但是她对于马原的殷勤也并不讨厌。毕竟丝丝已经到了待字闺中的年纪，也不愿意一个人孤零零的。后来，马原在悄悄追求丝丝一年多之后，在为丝丝庆祝生日时，突然拿出钻戒向丝丝求婚。看着马原真诚的样子，丝丝虽然对马原不是十分满意，最终还是勉强同意了。从此之后，马原更是以未婚夫的名义无微不至地照顾丝丝，最终丝丝顺利嫁给马原，成为了马原的妻子。然而，婚后的生活让丝丝感到很失望，因为婚后的马原就像变了一个人一样，不但好吃懒做，而且脾气暴躁，动不动就与丝丝吵架。虽然丝丝也曾提出离婚，但是只要马原苦苦哀求，丝丝马上就会心软，只得再次败下阵来。

在这个事例中，丝丝是典型的忧郁型人格者。虽然她很优秀，看起来清高孤傲，实际上她内心很软弱，而且有着大多数忧郁型人格者的弊端，即不知道如何拒绝他人。她极具同情心，能够站在他人的角度上考虑问题，因而在被马原追求一年多之后，根本不好意思拒绝马原的求婚。最终，丝丝嫁给了马原，却发现婚姻并非如同自己所想象的那样，最终为时晚矣。她无法狠心地面对马原的苦苦哀求，只能任由婚姻之舟四处颠簸。

忧郁型人格者往往很难拒绝他人，这是因为他们被自己绑架了。他们无法越过自己心中的坎儿，觉得拒绝他人是对他人的伤害，因为任由自己的善良泛滥。实际上，正如事例中的丝丝一样，婚姻是人生大事，万万不可凑合，更不可随意嫁做他人妇。

现实生活中，有很多事情都需要我们勇敢地表示拒绝，否则不但会让自己背负沉重的负担，也会被那些别有用心的人钻了空子，导致自己无处可逃。拒绝，并非是对他人的恶意，而是根据自身的实际情况出发做出的合理选择。从现在开始，就让我们勇敢地说“不”吧！人生本就艰难，千万不要自己束缚自己的翅膀，而要给予自己自由选择和翱翔的广阔空间！

心理课堂

很多忧郁型人格者的人生中都充满了矛盾，他们虽然心中对某件事情想要拒绝，但是却碍于面子，或者为了维护他人的自尊，因而强迫自己做出肯定的回答。这么做的最终后果是，他们虽然对得起他人，却又对不起自己了。对于忧郁型人格者而言，不会拒绝几乎成为了他们的第二本能，让他们无法抗拒。

断背山的传说，已经不再罕见

现代社会，同性恋的现象越来越常见，也已经不再像几十年前闭塞社会环境下那般让人难以接受。然而，这并不能改变同性恋者异常的性取向，在他们性取向发生异常改变的背后，一定有着不为人知的原因。

很多人都曾看过《断背山》的影片，这部影片告诉人们同性之间的爱并非是邪恶的，而是非常纯真美好的。影片里，两个牛仔因为受雇于同一个牧场主而有缘一起放牧牛群，后来，他们在寂寞空虚的大山中，彼此相互作为生命的守护神，渐渐产生了深厚的感情。直到生命结束的那一刻，他们依然彼此深爱着，真爱永恒。这部影片改变了人们对于同性恋的反对和歧视态度，让更多的人能够接受、理解和关注同性恋。如果从心理学的角度来观看这部影片，其实两个牛仔的相爱并非偶然。牛仔恩尼斯从小就失去父母，是个无依无靠、孤苦伶仃的孤儿，尝尽生活的艰辛。在与杰克一起放牛之后，他们为了安全起见，也因为帐篷太小，每天晚上都只有一个人钻进帐篷睡觉，而另一个人则守着篝火保护同伴和牛群的安全。在生活上，他们也彼此照顾，相互依赖。正是因为如此，他们才渐渐产生了爱意，相互倾心。

那么，现实社会中，很多人的命运并非如此悲惨，为何也会产生同性恋的倾向呢？归根结底，这与每个人的成长经历是有关系的。

很小的时候，王强就失去了父亲。他与母亲相依为命，为了养育好他，母亲年轻时就没有再嫁，就守着家，守着王强。除了工作，母亲几乎把所有心思都花在王强身上。她把王强捧在手里怕摔了，含在嘴里怕化了，简直照顾得无微不至。渐渐地，随着王强长大，母亲却依然没有放手的意思，依然全面照顾王强。

眼看着王强已经16岁了，但是依然和母亲钻在一个被窝里。任何事情，只要母亲说“对”，王强就不假思索地去做；母亲说“错”，王强就坚决听从母亲的安排。就这样，王强几乎变得对母亲言听计从。时光流逝，王强已经读大学了，母亲离不开儿子，竟然辞掉工作，在大学校外租了一间房子，让王强走读。母亲一直陪伴王强到30岁。在此期间，王强谈了很多女朋友，都被挑剔的母亲否定了。母亲不是嫌某个姑娘太矮，就是觉得某个姑娘太黑，太有个性的女孩儿他母亲也不喜欢。最终，王强渐渐发现自己其实更喜欢男性。有一次，他参加同学聚会，和同学们一起酒足饭饱之后又去酒吧玩儿，于是认识了阿峰。阿峰和王强截然不同，他就像一匹狼，特别具有野性。当王强看到阿峰的时候，阿峰正在和另外一伙人打架呢。虽然以一敌三，阿峰却毫不胆怯，虽然他脑袋流血了，也不以为然。就这样，当阿峰结束打斗走出酒吧大门时，王强也情不自禁地跟了上去。那个晚上，王强一直跟到阿峰家里，就像一个亲密的爱人一样无微不至地照顾阿峰。王强的确很会照顾人，因为他这30年来都在母亲的照顾下长大。阿峰却是个浪荡惯了的孩子，很想尝试下同性恋的感觉，因而居然留下王强过夜。这一夜，王强的母亲几乎急疯了。当看到王强安然无恙地回来后，她悬着的心才放下来。

在这个事例中，母亲一直以来无微不至地照顾王强，是使其性取向异常的直接原因。曾经有人调查发现，如今很多小学校都普遍缺乏男老师，因而很多小学时期的男孩子都表现出一定的女性化倾向。那么，对于王强这样直到16岁还和母亲在一个被窝里睡觉的男孩，实际上其心理早就已经女性化了。而且，因为其家庭中缺少男性的榜样，虽然王强始终被母亲照顾得很好，但是他心底里依然崇尚男性的力量，这也是他最终爱上喜欢打架斗殴的阿峰的原因。

人的心理一定要平衡发展，才能获得健康。一旦心理或者感情上有缺失，不管什么时候，人们都会在潜意识的支配下寻求弥补。和男性同性恋者崇尚力量相比，很多女性同性恋者也是因为迷恋温情，所以才会爱上女性。

心理课堂

每个人都有着本能的情感需求。任何情况下，只有情感需求得到满足，人们才能获得真正的幸福感。因而，从现在开始，再也不要歧视同性恋者，他们只是在弥补心中的欠缺而已，而在同性恋者的背后，也一定有着不为人知的痛苦和人生的巨大缺憾。

除了抱怨，你还能做些什么

生活中，总是有着很多坎坷和挫折，正如古人所说，“人生不如意十之八九，人生难以如愿以偿”。面对坎坷，很多人都喜欢抱怨，尤其是忧郁型人格者，更是对于生活有着极大的不满，又往往不会直截了当地说出来，导致心中郁闷，到了一定的程度就会开始抱怨。其实，抱怨对于命运的改变没有任何作用，反而会让我们因为忧郁和沮丧产生绝望，而导致人生更加消极低沉。就像是一颗珍珠必须经过长久的磨砺才能变得光滑圆润一样，人生也是如此。只有经历过磨难，只有不断地包容和锤炼，人生才能像珍珠般变得美好，珠圆玉润。

对于消极的人而言，他们往往不愿意表达，即使对于生活有了不满，也会闷在心里。殊不知，不良情绪能够得到及时宣泄，对于人心理的健康是非常重要的。任何情况下，抱怨都于事无补，唯有勇敢地面对人生的诸多变故，才能真正做到勇敢、坚定、执着，成为生活的强者，改变人生的命运。

他于1814年出生在德国，他的家庭非常富裕，因而他从小就过着衣食无忧的生活。他的童年时代就像泡在蜜罐里，无忧无虑，充满快乐。然而，命运无常，到了1833年，因为意外的变故，他的家人受到政治迫害，不得不举家逃亡瑞士。从此之后，他们的家境越来越衰败，他的生活水平也一落千丈，为此他的脾气骤变，暴躁无比。

一天，他在散步时经过一块农田。由于当时刚经历山洪暴发不久，所以四周都是破败的景象，让人感到满心绝望。他触景生情，由此联想到自己的悲惨境遇，不由得心生悲伤。因而，他满怀同情地问附近的一个农民："你好，地都被淹成这样了，你对未来有什么打算吗？"出乎他意料的是，该农民的脸上并不是绝望和沮丧，而是带着充满希望的微笑。他纳闷地问："看着遍体鳞伤的土地，难道你不忧愁吗？"农民开朗地说："忧愁有什么用呢？！我尽可以整日抱怨，但是对现状却没有任何好处。与其花费宝贵的时间抱怨，我还不如抓紧时间收拾残局。虽然洪水席卷了我们的家园，房屋也被摧毁，但是难道你没发现田地里都是肥沃的淤泥吗？对于庄稼而言，这可是上等的好肥料啊！这是上帝的旨意，我们今年一定会有个好收成的。"说完，农民居然开怀大笑，笑声里满怀希望。

听了农民的话，他陷入久久的沉思："是啊，抱怨有什么用处呢？除了让自己更沮丧，让事情更糟糕之外。"他突然间觉得心中豁然开朗，对生活充满了希望。他，就是亨利·内斯特莱。后来，他潜心钻研能够帮助婴儿成长的奶制品，最终，他成立了属于自己的公司。他，就是雀巢公司的创始人，给全世界的婴幼儿带来安全食品的成功者。

除了抱怨，我们可以做的事情还有很多很多。抱怨之后，我们除了沮丧绝望之外，情绪没有任何好转。而当我们努力去尝试，去改变，竭尽全力去做事，我们就会发现事情出现了转机，我们的内心也会随之充满希望。就像雀巢公司的创始人一样，如果不是受那位农夫的启发，也许这个世界上就不会有雀巢公司的存在，很多婴幼儿依然没有安全的食品可以食用。

人生，就像是一本厚厚的书，一定有着曲折的情节，不会是平铺直叙的。面对人生的不如意，真正的强者不会抱怨，而是奋起反击，不到最后一刻决不放弃。作为忧郁型人格者，虽然他们的内心无法阳光明媚，但是也可以有意识地改变自己的心态，让自己尽量积极乐观地面对人生。当他们真正去做了，就会发现改变会接踵而来，他们的心情也会随之而改变。

心理课堂

抱怨就像感冒，是会传染的。当你抱怨身边的人，非但不能使其振奋精神，斗志昂扬，反而会使其变得沮丧，甚至反过来抱怨你。既然如此，为何还要抱怨呢？不管是对于我们自身来说，还是对于我们身边的人而言，抱怨都不是好的选择。从现在开始，就让我们拒绝抱怨吧！当你不抱怨，你会发现人生的阴霾会马上消散，阳光遍野，改变成为很容易实现的事情。

第10章

强迫型人格：害怕改变，你永远走不出恐惧的怪圈

对于强迫型人格者而言，他们很难接受生活中的不完美，也无限渴望自已能够成为宇宙的中心，成为所有人关注的焦点。他们恨不得把生活的各个方面都牢牢加固。举个最简单的例子，一个强迫型人格者很有可能在刚刚购置一个新的背包时，就细心地把背包的各个接口处都认真地再次缝制和加固一遍，这样就能避免背包的接口处开裂了。他们很害怕改变，也不愿意接受失去，他们希望世界永远处于永恒和不变之中。因而，强迫型人格者很缺乏安全感，也总会陷入深深的恐惧之中。

爱，是无私的付出，而不是自私的占有

爱情原本就是瞬息万变的，也许今日的爱到了明日，就变成了再纯粹不过的友谊，而当其中一方还没有从热恋中摆脱出来，难免会为过早消逝的爱情感到悲观绝望。强迫型人格者的爱往往是超越理性的，是一种基于直觉的爱情，因而很多强迫型人格者的爱情都是非理智的，一见钟情的占多数。然而，如此灼热的爱情就像飞蛾扑火，总是使强迫型人格者陷入惶恐不安之中，他们总是渴望把握一切，但是却又因为爱情的扑朔迷离而感到无力。对于生活，强迫型人格者总是需要更多、更强烈的安全感，偏偏爱情不能给予他们。从这个角度来说，爱情本质上的不确定性，与强迫型人格者所追求的掌控和安全感背道而驰。

当强迫型人格者想要把爱情控制在手掌心时，他已经在爱情中占据了劣势。虽然看起来他在不停地追求着强势，但是爱情可不是能够确定不变的。有人说爱情就像重感冒，因为在爱情之中，每个人的缺点都会暴露无疑。强迫型人格者当然也能深刻地意识到爱情的本质和特点，因而他们总是小心翼翼地面对感情，不愿意为了感情付出更多。在日常生活中，他们也不愿意站在伴侣的角度体谅伴侣，因而在恋爱关系中总是略显冷漠。人人都知道，爱情是让人意乱神迷的，但是强迫型人格者始终冷漠和理智的态度，则总使他们表现得只重视道理，而忽视了感情。

在与伴侣的关系上，强迫型人格者中的男性，总是表现出大男子主

义。他们不愿意宠爱和呵护伴侣，而且喜欢对伴侣颐指气使。即使是女性强迫型人格者，也表现出强烈的支配欲和占有欲。这与忧郁型人格者在爱情之中表现出的强烈依赖性，有着明显的不同。在强烈的占有欲和支配欲下，一旦伴侣表现出不顺从或者不配合，其爱情就会随之消失。

马玉是一位典型的强迫型人格者。他早在结婚之前，就和妻子约法三章，即婚后妻子主要负责照顾家庭，承包一切家务，而他则负责努力赚钱，开创自己的事业。这个约定看起来很公平，一个挣钱一个顾家，但是却剥夺了其妻子事业发展的权利，真正表现出男权主义社会的特点。

结婚之后，妻子刚开始还对这样的生活较为满意，但是当看到身边的小姐妹们在事业上都小有成就之后，始终作为家庭主妇的妻子心里不平衡了。她与马玉商量想要外出工作，发展自己的事业，但是马玉却马上以婚前的约法三章为由，严词拒绝了她。无奈之下，妻子只得作罢，以家庭为重。后来，随着马玉事业做得风生水起，他越来越春风得意，对妻子也更加颐指气使。其妻子最终向他提出了离婚。

在这个事例中，马玉和妻子的婚姻看起来没有任何问题。也许在外人眼中，事业风生水起的马玉既没有在外面与其他女人勾三搭四，也没有抛弃家中的糟糠之妻，应该算是有责任心的好男人了。但是妻子知道，马玉是如何的大男子主义，甚至不让她外出工作，表现出强烈的男尊女卑思想。在这样的情况下，妻子长久以来一直在默默忍受，看着其他的小姐妹都事业有成，心里根本不能获得平衡。

爱是无私的付出，而不是自私的占有。爱情应该考虑双方的感受。当我们为了爱情而无私付出时，倘若看到伴侣只想一味地凌驾于爱人之上，我们又如何能够做到一如既往去爱他呢？不管是在爱情还是在婚姻中，只有保持人格独立，才能更好地分享和体味爱情。其实，并非所有的强迫型人格者都是强权主义者。很多轻微的强迫型人格者，虽然感情不那么灼热，但是往往表现出难得的忠诚。他们就像是慢热型的爱人，也许反应有些慢，但是一旦相爱，就会始终如一，再加上他们不喜欢改变，墨守成规，也因而能够对婚姻忠贞不渝，还算得上是个合格而又理想的爱人。总而言之，爱情不是占有，而是付出，先有付出才有得到。当你抱着对爱情付出的态度，你也就能获得更大的收获。

心理课堂

强迫型人格者总是胆小谨慎，他们无微不至地保护自己，具有强烈的自我保护意识。正因为如此，使得他们在爱情之中犹如套中人一样，总是特别谨慎，从来不愿意纵情享受爱情。这给他们的爱情大打折扣，但是因为他们已经习惯了这样的态度，因而并不觉得有什么不妥。作为强迫型人格者的爱侣，必须熟悉和适应强迫型人格者的性格特点。唯有如此，我们才能更好地与他们相处，以适度的方式与他们共享爱情。

不停地唠叨是种病态，没有人必须听你的

人有七情六欲，强迫型人格者也是如此。如果用一个词语来概括强迫性人格者的愤怒，那么非“狡猾”二字不可。为什么这么说呢？从本质上来说，强迫性人格者的愤怒也是隐藏很深的，他们的愤怒与大多数人的直截了当、毫不掩饰的发作不同，总是埋藏在他们的心里，直到他们认为合适的时机才会发泄出来。他们似乎天生就有一种本事，能比普通人更好地控制自己的情绪。究其原因，他们总是害怕自己在情急之下说出让人难以接受的话来，也常常为此感到懊恼。尤其是在其童年时期，他们知道必须掩饰自己的愤怒，表现出若无其事的样子，他们才能得到宠爱，或者避免受罚。然而，人是有感情的动物，很少有人能够避免发泄不满情绪。包括

强迫型人格者在内，任何人都无法避免。一味地压抑情绪，又会使强迫型人格者的愤怒郁结于心，不管是对其身体健康还是对其心理健康，都是不利的。

张叔是个典型的强迫性人格者，不管什么事情，他都希望家里人能够听从他的安排，就连女儿找对象这么大的事情，他也会毫无顾忌地发表自己的意见，甚至还想让家人也都听从他的意见，和他一起“同仇敌忾”，一起“讨伐”女儿的男朋友。

原来，张叔的女儿娜娜是名牌大学的毕业生，在一家外企工作，是个拿高薪的白领。对于娜娜的婚姻大事，张叔有着很高的期盼，他虽然不指望娜娜给他钓个金龟婿，也总想着娜娜会找一个不管是从人品、能力还是工作上，都很匹配的男朋友。但是偏偏娜娜找了个她高中时的同学，不但学历不如娜娜，现在的工作也不太稳定。为此，张叔不停地唠叨娜娜，尽管娜娜已经把自己找男朋友的原则和标准都与张叔详细说了一遍，但是张叔依然非常唠叨。为此，原本只是在试着与男朋友相处的娜娜叛逆心顿起，原本还想认真细致地考察她的男朋友一段时间的娜娜，居然毫不犹豫地与她的男朋友订婚了。见此情形，张叔捶胸顿足，懊悔不已。

张叔具有强迫型人格，从遗传的角度来说，娜娜自然也有张叔的特质。因而，当张叔以不停地唠叨强迫娜娜听从他的意见时，娜娜偏偏背道而驰，来了个先斩后奏。其实，这就是两个强迫型人格者的碰撞。

从心理学的角度来说，虽然孩子是父母辛辛苦苦生养出来的，但是孩子并不是父母的私有财产，没有人规定孩子必须听从父母的安排。尤其是在孩子长大成人之后，理所当然应有自己的决定，对自己的生活负责。在这种情况下，父母对于孩子只能提出建议，而不能强迫孩子必须按照父母的意志生活和做出选择。就像事例中的张叔一样，很多父母在面对孩子的不听从时，总是企图通过喋喋不休地唠叨来强迫孩子接受他们的意见或者建议，不得不说，这是强迫型人格者的典型表现。很多话，并不在于说的次数多就一定能够奏效，而是要合情合理，当然也取决于听者的心态。

还有些强迫型人格者不但不能控制自己的情绪，不唠叨，而是以合理的方式表达出来，还给强迫披上合理的、振振有词的外衣。他们总是绞尽脑汁地为自己的愤怒找借口、找理由，即使做错了，他们也不承认自己的错误，而是持续发泄自己的不满情绪。在这种情况下，强迫型人格者往往意识不到自己应该反思和改善，因而作为旁观者，应该以委婉的方式多多提醒他们，不要犯主观的教条主义错误。

心理课堂

强迫型人格主义者的愤怒，似乎总是与权力分不开的。天知道，他们心中并非都是义正言辞，也有很多心虚胆怯。尤其是成人对于儿童一旦施展权力，往往会导致儿童产生强迫型人格，导致他们的心理也产生一定程度的扭曲。所以，为人父母者在教育孩子时，必须多多注意。

宽松的成长环境，才能避免孩子强迫型人格的形成

教育孩子，历来是父母最头疼的问题。越是重视对孩子教育问题的父母，越是感到惶惑，常常不知道应该如何教育孩子，才能让孩子更加健康地成长。实际上，很多强迫型人格的形成，都与孩童时期接受的教育有着密不可分的关系，从现在开始，就让我们来学会如何更加合理地引导孩子，培养孩子健康、积极、乐观的心态和性格吧！

到底是什么因素导致人们强迫型人格的形成？通常认为任性、主观意识强、个性强，都是不可忽视的影响因素。实际上，父母对孩子幼年时期的不当管教，与强迫性人格的形成有着密不可分的关系。和大多数人所想

的不同，大多数人都以为那些对父母言听计从、乖巧的孩子更容易患强迫型人格，实际上恰恰相反。和这些乖巧安静的孩子相比，那些调皮捣蛋，经常被父母管教和制止的孩子，更容易形成强迫型人格。当然，那些逆来顺受的孩子，也有很大的概率会形成强迫型人格。首先，总是被父母管教和制止的孩子，因为父母的言传身教，他们也会潜移默化地学会制止和管教他人。其次，逆来顺受的孩子则会压抑自己的不良情绪，最终导致不良情绪淤积，也会形成强迫型人格。相比之下，反而安静乖巧的孩子，因为表现很“温顺”，因而父母不会经常管教和制止他们，使得他们可以安静地做自己的事情，不被父母的“强迫”所打扰。

宽松的成长环境是很重要的，虽然现代心理学家还无法准确界定到底是受哪个因素影响的，这是因为人的成长本来就是多重因素综合作用的结果。不过需要注意的是，每个人的个性天生就有差异，在加上遗传因素和环境的影响，因而导致每个人的人格大不同。强迫型人格者也是如此，所谓人格养成并非一朝一夕，也并非某种单一因素的作用，必须综合分析、综合考量。

小雨是个很乖巧的男孩子，文静得就像女孩儿一样，每天都静悄悄的。即使在幼儿园里的大多数小朋友都疯狂玩乐时，他也总是表现得很有节制，因而给人留下一种与其年龄不相符的成熟稳重感。

有一次，爸爸、妈妈带着小雨和朋友全家一起去聚餐，席间，小雨和朋友家的丝丝坐在一起，因为玩闹，不小心把汤洒到衣服上了。正当坐在一旁的丝丝妈妈紧张地给小雨擦拭衣服时，小雨突然如释重负地说：“谢天谢地，幸好汤没有洒到地上，碗也没有掉到地上。”丝丝妈妈难以置信地笑着说：“你这孩子，撒到地上有什么关系，碗摔坏了也比烫到你好啊！”小雨带着复杂的表情说：“妈妈不让我把地板弄脏，也不想听到乱七八糟的声音！”原来，小雨妈妈有严重的神经衰弱症，特别害怕听到响声，又有严重的洁癖，不能容忍地板上哪怕有一滴水渍。在这种情况下，小雨被妈妈管制得越来越安静，也变得非常胆怯。听到小雨的话，丝丝妈妈陷入沉思之中。聚会结束后，作为心理学专家的丝丝妈妈，特意给小雨妈妈打电话说了这件事情。她苦口婆心地对小雨妈妈说："王姐，有件事情我忍不住想说。也许你身体的确不舒服，不过我还是觉得你对小雨管得太严了。你看看，小雨宁可热汤洒到自己身上，都不愿意洒到地上，这其实是不合逻辑的啊！我觉得孩子年纪还小，难免会有犯错的时候。在这种情况下，假如你能够给他更宽松的成长环境，我想他的心态是会渐渐恢复健康的，不再那么紧张和焦虑。否则，长此下去一定会影响他人格的形成。"

听到丝丝妈妈说得这么严重，小雨妈妈这才意识到问题的严重性。从此之后，她虽然依然希望地板干净整洁，也希望小雨尽量安静，但是改变了方式方法，不再那样强迫小雨了。

如果小雨的妈妈继续像之前那样严格管束小雨，时间久了，小雨的人格一定会受到影响。例如，他也许一生之中都会对地板是否干净感到特别紧张，甚至是一种条件反射性的。此外，一个男孩子始终畏首畏尾，不管做什么事情都避免发出响动，也是很奇怪的事。孩子需要一个自由的成长空间，唯有更好地引导孩子，而不是一味地强迫孩子，才能让孩子更加快乐健康地成长。

孩子的天性就是活泼可爱的，孩子原本就会制造麻烦，如果我们不能接受孩子这样成长，那么就会过早地遏制孩子的天性，导致他们早早地受到强迫。任何人，都不可能是十全十美的。作为父母，我们千万不要奢望孩子变得完美无瑕。正因为缺点的存在，孩子才变得更加可爱和真实。从现在开始，就让我们给予孩子更加广阔的天地，让他们自由发挥自己的天性吧！

心理课堂

孩子不是父母的提线木偶，即便是小小的婴儿，我们也要给予他足够的尊重，这样才能让孩子更自由地成长。每个人都是在不断犯错的过程中成长的，虽然孩子们经常惹各种各样的麻烦，但是作为父母依然要给他们尝试的机会。否则，一旦你把孩子变得对你言听计从，虽然孩子不再给你惹麻烦，但是他们也就失去了童真。

30岁的你，还在害怕母亲的谆谆教诲吗

很多父母都对长大成人的孩子不满意，尤其是当孩子不够孝顺或者无法独立时，父母总是抱怨孩子不够优秀，却从来也不愿意从自己的身上寻找原因：到底是教育的哪个方面出了问题？虽然每个孩子的人生道路注定是不同的——有些孩子能功成名就，有些孩子则一事无成。但是毋庸置疑，父母的教育依然会引导他们走上不同的人生道路，甚至影响他们的脾气秉性。

生活中，人们常说，“穷人的孩子早当家”。这是因为穷人的孩子经受了更多生活的历炼，也因为父母无暇顾及他们，使他们不得不独自面对很多事情。而有钱人家的孩子则不同，他们的人生之路已经被父母安排好了，从呱呱坠地开始，父母就把他们含在嘴里，捧在手里，恨不得事事都为他们代劳。对于这样的孩子，最终只会成长为温室里的花朵，凡事都要根据父母的指令行事，而丝毫没有自己的主见。尤其是当其父母属于强迫型人格者时，他们就更会被指挥得团团转，根本不知道如何面对没有父母指挥的日子。还有些从小被母亲严格要求惯了的大男人，甚至有了自己的

孩子之后，看到父母依然感到害怕。

鹏鹏从小就失去了父亲，他是跟着母亲一起长大的。他的父亲是一名警察，因公牺牲，因而对于英雄的儿子，母亲给予了殷切的愿望。为了儿子，年轻的母亲一直没有再嫁，始终独自守着鹏鹏。她发誓要把鹏鹏养育成人，而且要让鹏鹏成为父亲的骄傲。

就这样，鹏鹏的母亲一直让家里保持着其父亲在世时的样子，即使每餐吃饭，她也会为鹏鹏的父亲摆好碗筷。当然，她每次都会告诉鹏鹏，他父亲是一位英雄，虽然已经去世，但是却精神长存，始终和他们生活在一起。就这样，鹏鹏虽然失去父亲了，心中父亲的形象却越来越高大威猛。再加上母亲年复一年的讲述，鹏鹏心中的父亲形象越来越完美，简直就像神一样。

孤独守寡的母亲，也无数次告诉鹏鹏，他父亲曾经是个五好丈夫，对她无微不至地关心和照顾，从来不会惹她生气。渐渐地，鹏鹏也养成了和母亲口中的父亲相同的优点，对他母亲言听计从。直到长大成人开始交女友后，不管鹏鹏与哪个女孩儿交往，只要母亲一说这个女孩儿不够完美，有某个方面的缺点，鹏鹏马上就会选择与她分手。最终，鹏鹏直到35岁也没有找到让母亲满意的女朋友，眼看着自己成了大龄青年。

对于鹏鹏而言，他之所以对其母亲的话那么在意，实际上这并不是母亲一个人的权威在起作用，也有其父亲的威严含在其中。其母亲先是在鹏鹏心目中构建了父亲的完美形象，接着又以他父亲为榜样，潜移默化地要求鹏鹏对她言听计从。最终，因为想要成为像父亲一样的完美男人，鹏鹏丝毫不敢忤逆母亲，直到35岁还没有找到合适的能够让他母亲满意的女朋友。对于这样一个男人，想必也根本没有女孩儿愿意嫁给他，因为他从精神上而言根本没有“断奶”，也很难摆脱对其母亲的依赖。

在民间，很多父母都反对女儿找一个单亲家庭的男孩儿作为丈夫，尤其是由单亲母亲养大的男孩儿。一则是因为母亲太过于温柔细腻，很容易导致男孩儿的性格女性化，二则也是因为母亲容易吹毛求疵，尤其是当看到自己辛苦养大的儿子就要宠爱另一个不相干的女性时，甚至还会产生强烈的醋意。实际上，如果其母亲能够摆正心态，正因为家里缺少男子汉，而更应该早早地就把儿子作为男子汉来培养。这样一来，对男孩儿的成长反而有利。

心理课堂

在父母的强迫教导下，很多孩子虽然年纪随着时间的流逝在增长，身材也越来越高大，但是他们的内心实际上是非常不成熟的。他们从来不知道如何才能让自己变得独立和坚强，只知道一味地顺从父母的意愿。尤其是在很多“相依为命”的家庭环境中，更应该注意培养孩子独立的人格，唯有如此，才能让孩子更加机智果断地面对未来的生活。作为父母一定要记住，尽管你很想帮孩子代劳一切事情，但是你不可能永远陪伴着孩子。为了孩子的长远考虑，为了孩子拥有美好的将来，我们必须帮助孩子树立正确的人生观和价值观，这样才能让孩子未来的人生之路走得更好。

生活不适用完美主义，残缺才是真实

对于强迫型人格者而言，总是希望生活是完美的。有些必须强迫自己遵守习惯的人，也很容易形成强迫型人格。例如，有些人每天晚上必须洗澡才能入睡，不然就会觉得浑身难受，即使躺下了也难以入眠；有些人洗澡的时候必须先洗头，否则就会觉得程序不对，心中似乎有一道迈不过去的坎儿；还有些人在吃饭之前必须先喝水，不然就咽不下去饭……这些，从本质上来说，都有些强迫型人格者的表现。对于轻微强迫型人格者而言，习惯就是为了生活便利，当需要改变习惯以便于为了生活更加便利时，他们就会及时改变，而不会一味的墨守成规。

当然，对于遵守那些有意且对生活有帮助的习惯，不能称之为强迫。只有当某件事情没有必要坚持或者对现实失去意义时，坚持才是一种强迫。然而，生活总是不尽如人意的，更不可能是完美的。因而要想成为生活的强者，作为强迫型人格者，就必须改变态度，接受生活的残缺。唯有残缺的生活，才是真实的，才是真正完美的。

滑滑梯，迪迪每次去麦当劳都要让妈妈给他买一杯甜玉米。迪迪才刚刚三岁，正处于什么都喜欢模仿且接受能力最强的成长阶段。每次吃甜玉米，妈妈都会给他要一个空的小杯子，然后把玉米分到小杯子里，这样不但可以凉得快一些，也可以拌一小盒酸甜酱，品尝酸酸甜甜的玉米汁。

这天天气有些阴沉，不太适合户外活动，因此妈妈又带着迪迪去麦当劳玩。滑了几次滑梯之后，迪迪和往常一样要吃甜玉米，但是恰巧空杯子没有了，妈妈没有要到。因而，妈妈帮正在滑滑梯的迪迪拌匀了一大杯玉米粒，不承想，迪迪看到后却很生气，并且拒绝吃。他不依不饶，坚持要一个小杯子。无奈之下，妈妈只得拜托麦当劳的服务员，用大的纸杯给他现剪了一个小杯子后迪迪才破涕为笑，虽然他对这个丑陋的小杯子依然不太满意，但是好歹开始吃玉米了。看着这个如此执拗的男孩，大家都宽容地笑了。

对于刚刚三岁的迪迪而言，每次吃玉米都可以分一部分到小杯子里拌上酸甜酱吃，原本这只是妈妈为了帮助玉米快点儿降温想出来的办法，如今却已经成为迪迪的习惯了。因为初现端倪的强迫型人格的完美主义倾向，迪迪在没有小杯子的情况下，居然拒绝吃玉米。实际上，这已经是完美主义的初步表现了。

为什么小小年纪的孩子就会表现出完美主义的倾向呢？究其原因，除了孩子们本身的性格特点之外，也与其父母总是表现出权威性有关系。特别是如果父母经常要求年幼的孩子必须做什么事，时间长了，处于心理快速成长发育阶段的孩子，就会在父母的引导下朝着完美主义发展。如果长大以后完美主义情节越来越严重，再加上强迫型人格者的性格特点，则会使他们越来越远离人群，成为孤独的人。

生活永远不可能按照我们想象的模样呈现，因为生活总是出人意料，也让人瞠目结舌。为了更加坦然地面对生活，也为了让我们在生活中更加轻松愉悦，我们应该努力接受生活的不完美，甚至是残酷的现实。安之若素，也许是对生活最好的态度。

心理课堂

很多人在日常生活中的强迫行为已经发展到了不能自控的地步。例如有些人在离开家门后，由于总是惦记家门和燃气开关没有关，不得不在离家很远之后立即返回，关门、关燃气。还有些人原本洗衣机的一次漂洗程序已经能够把衣服洗干净了，却每次都要再用一次漂洗程序，生怕有洗涤剂的残留。这些都是强迫性格的表现，也是为了追求极致的完美。殊不知，完美的人往往不食人间烟火，任何完美，都要建立在瑕疵和缺憾的基础之上。我们唯有更好地面对生活赐予的一切，才能真正张开怀抱拥抱生活，悦纳生活，欣赏自己。

家不是纤尘不染的实验室，而是舒适的居所

从呱呱坠地开始，我们就在父母的身边，在父母为我们提供的家里茁壮成长。到长大成人，我们也开始憧憬着建立自己的家庭，也为自己的孩子撑起一片晴空。无疑，家对于每个人而言都有着特殊的意义，尤其是现

代社会生活压力这么大，每个人在外面奔波劳累一天之后，都想要回到家里享受片刻的温馨和宁静，恢复心灵的劳累。

曾经有位名人说，“这个世界上绝没有两片完全相同的树叶”。我想说：“这个世界上也绝没有两个性格完全相同的人。”对于家，也绝没有两个完全相同的家。不同性格、不同生活习惯的人，对于家的理解也是不同的。有人觉得家里就应该乱糟糟的，这样更富有生活气息；有的人则认为，家必须干净整洁，才让人心情舒畅；甚至还有些有洁癖的人，对于家，简直收拾得会比实验室更加纤尘不染。当然，如果夫妻二人对于家的追求都是一样的，或者都接受乱糟糟，或者都接受干净整洁，或者都希望家纤尘不染，那就可以集中力量，朝着共同的目标努力。然而，如果夫妻二人对于家的需求并不相同。例如，妻子喜欢脏乱，丈夫则要求纤尘不染，那么一定会导致纷争的出现，甚至为此争吵不断。

毫无疑问，爱情需要维护，婚姻需要经营，家也是需要夫妻彼此间的协调一致。在这种情况下，如果夫妻对于家的理解有所不同，有争议，那么必须及时沟通，达成一致。唯有如此，家，才能让彼此都感到满意和舒适。

自从结婚以后，丽丽就陷入了无穷无尽的痛苦中。原来，丽丽有洁癖，而且是非常严重的洁癖。早在出嫁之前，她的卧室就必须保持纤尘不染，当然都是由视她为掌上明珠的妈妈负责清扫的。结婚之后，当然不可能让妈妈每天来帮她打扫卫生，而丽丽一个人清扫100多平方米的三居室，显然有些吃力。尤其是，她的爱人小连还是个邋遢鬼。每天早晨因为时间紧张，丽丽起床之后都匆匆忙忙的，根本没有时间收拾一夜之间变得像猪窝一样的家。而当上了一天的班，满身疲惫地回到家里之后，当她看到窝在沙发里动也不想动的老公，她就气不打一处来。她总是气鼓鼓地拿起吸尘器开始清扫地面，又开始收拾乱糟糟的床。每当她抱怨家里就像猪窝，老公总是不以为然地说：“再过几个小时又要睡觉了，把床收拾得这么干净干嘛使啊？！至于地面，一个星期清扫一次就可以了，咱们白天也不在家，也没有那么脏乱啊？！”接下来，他们难免会爆发一通争吵，主要就是丽丽嫌弃小连太邋遢、太懒惰，就像是个老农民一样丝毫不讲究卫生。

虽然丽丽牢骚满腹，还得不辞劳苦地打扫卫生，但是也挡不住小连也有意见。原来，小连虽然也生长在城市，但是他的母亲是个很随性的人，很少把家里收拾得干净整洁，纤尘不染。因而，小连这几十年来已经习惯了在安逸舒适的环境中生活。但是，每当丽丽气喘吁吁地把家收拾好，马上就会要求他不许赤脚在地上走来走去，因为这样会留下脚印；喝水的时候一定要注意，一滴都不能滴在地上；坐在沙发上也要正襟危坐，否则就会把丽丽刚刚铺好的沙发毛巾弄乱。结果，小连觉得很别扭，他不但不感激丽丽打扫卫生，反而觉得丽丽处处都在限制他的自由。就这样，小连和丽丽经常因为卫生问题吵架，感情也受到了影响。有一次，丽丽回家像母亲抱怨家里乱得像猪窝，还告诉母亲小连是个懒汉，什么也不干，母亲笑着说：“丽丽，你要记住，你现在已经不是单身一人了。所以，你之前的生活习惯既要保持，也要学会变通。如果你的纤尘不染让小连感到别扭，那么你们俩的家对他还能有吸引力吗？我觉得你们可以各自退让一步，让他也尊重你的劳动成果，你也要给他适度的空间享受自由，你觉得呢？”妈妈的话使丽丽茅塞顿开，但是她很难控制住自己的完美主义情结。有一次，小连不小心把橘子皮掉到地上留下了痕迹，丽丽虽然心里很想拿起抹布擦干净，但是一想到妈妈的话，她又安慰自己：“一点点橘子皮的印记，并不显眼，”也很难注意到。就这样，她一个晚上都在控制自己不要打扫地面，给小连压力。渐渐地，丽丽的完美主义情节越来越轻，对于卫生，也不再那么吹毛求疵了。小连看到丽丽每次都任劳任怨地打扫卫生，也越来越注意保持清洁。结果，他们彼此的迁就和包容，使得他们彼此间的感情越来越好了。

对于那些喜欢安逸舒适的人而言，如果家变成了纤尘不染的实验室，那么他们一定会觉得非常痛苦。因为他们既不忍心破坏实验室的整洁和秩序，又想要更加随性地待在家里。在这种情况下，强迫性人格者的配偶，一定要及时调整自己的心态，千万不要拿着对自己的严格要求去要求另一半，否则就会使其觉得无所适从。

家，是包容，是爱，是宽待。既然是同在一个屋檐下生活的一家人，就要在生活的各个方面多多包容，唯有如此，才能彼此融合。对于任何一个家庭成员而言，做任何事情都是为了整个家好，因而即便是生活习惯，也不能只从自己的角度出发，而不顾及家人的感受和喜好。就像婚姻需要磨合一样，对于家的经营方式和态度，也是需要在现实生活中不断调整的。

心理课堂

不管是喜欢乱糟糟但是安逸舒适的家，还是喜欢干净整洁且纤尘不染的家，都无可厚非。我们无须在乎家庭成员以外任何人的评价，只要我们的家不影响他人的生活。我们需要注重的是每一个家庭成员的感受，尤其是你的爱人和伴侣的感受。毕竟，对于孩子而言，父母的恩爱和谐就是命运赐予他们的最好礼物，任何时候，父母都应该给孩子一个充满爱的家，而不是一个冷漠或者充满火药味的家。

适当释放自己，你才活得更真实

很多强迫型人格者，都很在乎别人对他的看法和评价。尤其是完美主义情结者，更会把别人的褒贬放在第一位。实际上，每个人都有属于自己的生活，别人并非处于你的位置，也就不可能真正做到设身处地地为你着想，因而你只需要对自己负责，做自己想做的事情，并且管好自己不要危害他人和社会就可以了。当你过于在意他人的看法时，你就会变得故步自封，根本不知道如何更好地表现自己，甚至还会畏首畏尾，裹足不前。

尽管纵情放纵是不被提倡的，但是适度地释放自己，对于承受巨大的生活和工作压力的现代人而言，却必不可少。有些人就像契科夫笔下的套中人，不管做什么事情都瞻前顾后，也不敢以自己真实的面目和想法示人。实际上，这样活着还不如死去。每个人都崇尚自由，如果没有自由，生命还有什么意义呢？还有些人则为了让自己表现得更加完美，因而从来不愿意放纵自己，以避免暴露缺点。难道你自诩完美无瑕，你就真的无可指摘了吗？每个人都是有缺点的，不管你是否掩饰，缺点总归存在。我们可以避免自己的缺点或者放纵给他人带来困扰，甚至是伤害，却没有必要为了追求完美，而虚伪、禁锢地活着。

如果你平日里循规蹈矩惯了，那么等到你偶尔放纵一下，就会发现释放自己的快感让你感觉如上云霄。老夫还聊发少年狂呢，年少何不能轻狂？过于轻狂不好，偶尔放纵一下，你会感到自己很有气势和魄力，也变得更加真实自在。

西西是个典型的强迫型人格者。对于自己的未来，她一直有着刻板的规划，她希望自己能够在大学毕业后考上研究生，从而继续留在象牙塔中深造学习。从小就学习成绩优异的她，不但以学习为乐趣，而且觉得自己理所应当从别人那里得到赞美和羡慕的眼光。她很喜欢别人夸赞她，因为她从小到大已经习惯了。为此，她每天都在不遗余力地努力，生怕自己的丝毫懈怠会让自己失去赞许。眼看着毕业在即，很多同学在找工作之余，开始忙着参加告别聚会。唯独西西，很少参加同学们的聚会，她总觉得以后见面的机会还很多，应该抓紧时间进行考前冲刺。最终，西西研究生考试落榜了，她无比失落。

好朋友看到西西失落的样子，特意拉着她参加聚会，一通胡吃海塞之后，他们还去了酒吧唱歌跳舞。原本西西很抗拒，但是几杯啤酒下肚，很少喝酒的她变得亢奋起来，虽然脑子很清醒，却一改常态。同学们看着亢奋的西西，都觉得很陌生，但是也很高兴。终于，这个清冷孤傲的女神，也开始放纵自己啦！

经过大半夜的疯狂玩乐，又经过一个深度的睡眠，一觉醒来的西西觉得自己仿佛获得了新生。原本在她心里至关重要的考研，此时此刻似乎显得没有那么重要了。她感到浑身轻松，也有了更多的时间思考自己到底应该如何选择。

强迫性人格者的完美主义情节，往往使他们在生活中很难放开自己。他们就像契科夫笔下的套中人，恨不得自己能够在所有方面都表现完美。基于此，他们更愿意谨言慎行，而极少放纵自己。殊不知，每个人都需要身心的彻底放松，尤其是生活在这个匆忙而令人焦躁的现代社会，我们只有学会放松自己，才能让自己的身心变得轻盈。否则，我们就会像是背负沉重躯壳的蜗牛一样，再也无法坦然面对自己的心灵。

通常情况下，轻微强迫型人格者，并不会因为其对完美的追求而变得吹毛求疵，相反，他们很乐意督促自己变得更加勤奋，从而向着目标不断前进。一旦强迫型人格变得严重，过于追求完美主义，则会变成心灵的沉重负担。

心理课堂

如果一个人总是被强制要求这么做或者那么做，但是在他们表示疑问时，却没有任何人告诉他们必须这么做或者那么做的理由，那么他们只能照做。长此以往，他们也会渐渐养成强迫别人的习惯，甚至觉得这就是强者与弱者唯一的交流方式。

第11章

冒险型人格：在不断的探索中寻找刺激感

对于很多喜欢冒险的人而言，宁愿在冒险中死去，也不愿在平淡中接受生活的磨砺。他们似乎对于冒险情有独钟，甚至把冒险看得比自己的生命更加重要。他们无限追求冒险，尤其是在现代社会，因为生活压力的增大，很多年轻人都喜欢去荒凉偏僻的地方徒步，这也是一种追求冒险的心理表现。

当生活变得像悬疑小说一样刺激

记得小学三年级刚刚开始学习写作文的时候，老师就开始教导我们要学会制造悬念。当然，每个人的作文都是从平铺直叙的流水账开始写起的，等到在老师的指导下水平渐渐提高后，我们也就渐渐学会了倒叙、制造悬念等吸引人眼球的方法。生活中，不乏有人喜欢看悬疑小说，这主要是因为悬疑小说跌宕起伏、引人入胜的情节。倘若侦探小说写得像散文一样抒情优美，只怕就没有那么吸引人了。

从某种意义上来说，追求冒险似乎是人们的天性。人们总是喜欢冒险，尽管这让我们的生命安全面临威胁，却使我们的精神在极度紧张之后能感到放松。就像很多人喜欢看恐怖片一样，也是为了追求极度刺激之后全身心的放松。那么，对于冒险性人格者而言，生活就需要惊险和刺激，才能令他们始终激情澎湃，才能让他们的生活变得有滋有味，不会使人厌倦。

一个非常漂亮的女人因为触犯法律，进了监狱。她可不甘心穿着囚服度过自己最青春貌美的岁月，因而她几乎每天都在挖空心思地想办法逃出监狱。然而，监狱里戒备森严，她根本无法顺利逃出去。一个偶然的机会，她无意间看到有个害眼病的老头专门负责埋葬监狱里的死人，为此她脑中灵光一闪："我为什么不让这个老头帮我逃出去呢？只有他每天能够名正言顺地从监狱里运死人出去啊！"为此，她好言好语地央求老头，并且承诺老头，只要帮助她逃出监狱，她一定会花费重金帮助老头治疗好他眼睛的疾病，让他免遭眼病的折磨。终于，老头答应了她的请求。

白天，趁着大家都不注意，老头帮助女人钻进事先准备好的棺材里。果然，这天真的有人死了，人们正好把死人放进了那女人所在的棺材里。女人暗自窃喜，觉得自己马上就要获得自由了。然而，到了晚上，墓地里如死一般的寂静，女人等了很久，也不见老头来救她出来。一想到自己身边有一个死人，她纵使向往自由，也不免觉得脚底生出寒意。为此，她拿出事先准备好的打火机，想看看棺材里的情况。然而，就在她看到死人脸的那一刻，她彻底崩溃了，原来死者不是别人，正是和她串通好帮她逃出监狱的老头。

这是著名的悬念大师希区柯克的一部作品，怎么样，结局是不是让你觉得浑身的毛孔都竖了起来，而且无论如何也无法在短时间内摆脱对这个女人命运的揣测？这就是悬念的魅力。尤其是当悬念超出你的预期和想象时，给你带来的震撼往往更大，震撼力也会更强。

现实生活中，很多人都追求这样的悬念。尽管有些人希望自己能过上几十年如一日的安稳生活，但还是有些人不遗余力地追求刺激的生活。对他们而言，如果剧情平铺直叙，那么就会索然无味，根本不想继续看下去。毫无疑问，这样的人从来不会墨守成规，就像现在的很多驴友喜欢爬野山一样。尽管每年都有因为爬野山而导致失事的事情出现，但是并不妨碍他们继续追求刺激的决心。

心理课堂

从心底里来说，每个人都喜欢猎奇，也喜欢接受生活的惊喜和意外的馈赠。为什么每当有意外的事情发生时总会聚集着很多人呢？就是因为人们的好奇心在作祟。有些人仅仅围观还不满足，还希望自己也能成为跌宕起伏的剧情中的主角，成为众人瞩目的对象。人生的趣味，对于他们而言，恰恰在于未知。

像雾像雨又像风，爱情的扑朔迷离让人沉迷

对于爱情的祝福，人们脑海中第一时间想到的词语就是“天长地久”“海枯石烂”“执子之手，与子偕老”……殊不知，这只是人们对于爱情一厢情愿的幻想，真正的爱情如果如白开水般平淡，是很难保持长久的。很多人竭尽全力地想要爱情长久，最终却痛苦地失去了爱人的青睐，他们无论如何也想不明白，为什么很多男人都喜欢浪荡的女人，而很多女人又都喜欢坏男人呢？究其原因，不管是浪荡的女人还是坏男人都有一个共同的特点，即他们的爱情是扑朔迷离的。他们对爱情从不忠贞，总是若即若离、漫不经心，也因而他们的爱人从来抓不住他们的心，常常因为他们的感情是多变的，而对爱情也万分小心和珍惜。所谓歪打正着，大概就是如此吧。

纵观古今中外，有很多女人都因为对爱情的处理手段高明，最终稳固了自己的地位，成就了自己的事业，青史留名。熟悉埃及历史的人都知道埃及艳后，埃及艳后之所以能够成功地征服埃凯撒和安东尼，正是因为她能深刻洞察男人的心理，也懂得利用感情的若即若离。当然，英国女皇伊丽莎白一世对于爱情的处理也是非常巧妙的。如果你曾仔细研究过伊丽莎白一世的经历，就会发现她在政治上的很多伟大成就，都与她扑朔迷离的爱情密不可分。

1559年初，伊丽莎白一世即位。在万众瞩目的加冕典礼上，当大主教

把皇冠戴到她的头上时，她同时为自己戴上了一枚婚戒，并且公开表示：加冕典礼就是她的婚礼，从此她就终身嫁给苏格兰，忠贞不渝。事实证明，伊丽莎白独身的宣言是她对政治的考量。

当然，美丽的伊丽莎白从来不缺乏追求者，他们都是非常优秀的男人，最终都被伊丽莎白利用了，而从未有人真正得到过伊丽莎白的真心。为了利用西班牙国王作为筹码，伊丽莎白甚至不惜勾引自己的姐夫，也就是西班牙国王腓力二世。当时，正值谈判的关键时刻，伊丽莎白始终没有明确拒绝腓力二世的求婚，直到谈判成功。后来，伊丽莎白还利用了法国阿朗松公爵——他是法国国王查理九世的弟弟，政治影响力可见一斑。果然，她对爱情处理的手段高明，使她如愿以偿地利用了公爵，而又以各种手段拖延婚约，直到阿朗松公爵去世。其实，不仅阿朗松公爵喜欢伊丽莎白，法国王室中的三个王子都追求过伊丽莎白，包括后来的查理九世。直到这些追求者都失去了利用价值，伊丽莎白再次宣布自己已经嫁给了苏格兰，彻底断了那些追求者的想法。

从伊丽莎白玩弄各个追求者的过程来看，扑朔迷离的爱情显然更加吸引人，也可以避免爱情的责任。她就像是所有追求者心目中的“大众情人”一样，追求者们正因为得不到她，反而更觉得她曼妙。所谓得不到的就是最好的，这个道理看来不仅适应于中国的国情，也同样适用于西方国家的国情。可以说上至国君，下至百姓，每个人都对爱情无限憧憬，也都对得不到的爱人情有独钟。

如果你想成为情场高手，一定要把握好自己。一个全情投入的人不可能成为情场高手，因为总会因为沉迷于爱情而失去了自我，更忘记了实现自己的目标。当然，爱情是神圣的，我们并不主张以这样游走不定的方式玩弄感情。任何情况下，即便你是一个不折不扣的冒险者，也不要在爱情之中探险。爱情，其实是很难说清楚的一种感情，虽然这种感情发生在原本陌生的人之间，但是其灼热程度却足以使人们做出冲动的事情。如今，随着网络的发达，很多新闻都能够在第一时间传遍网络，也使得人们获得消息更为及时。如果你经常关注网络新闻，你会发现因爱生恨的事情在生活中时有发生，有些被女性玩弄的男性甚至会产生冲动的杀人心理，或者以硫酸毁掉女性的容貌。这样的结果，显然是任何人都不愿承受的。既然如此，我们还是应该以谨慎庄重的态度对待那些爱我们和我们所爱的人。只有谨慎处理好爱情，全心全意地对待爱人，你的人生才算得上是认真和负责的。

心理课堂

在爱情之中，没有人愿意成为被他人玩弄的对象。任何时候，不管出于什么目的，我们都要尊重他人，更要尊重他人的感情。否则，就会玩火自焚，导致自己陷入爱情的悲剧之中，甚至命运也会因此而改变。也许有人会说，埃及艳后和伊丽莎白一世能够做到的，我也能够做到！但是你别忘记了，你并没有高高在上的地位，也没有国君的权利和智慧。既然如此，何不让我们当一个普通人，享受平实的爱情呢？！

为什么很多第三者都远远不如原配

如果说在几十年前，人们对于爱情和婚姻的观念还是神圣的，那么在现在，随着受到西方开放思潮的影响，很多人对于爱情和婚姻的态度已经发生了极大的改变。爱情进入方便面时代，人们常常因为一见钟情，就选择与他人在一起；又因为小小的不如意，而选择结束婚姻。这一点，从近年来逐年攀升的离婚率，可以得到最佳的证实。

现代社会的离婚率如此之高，而且还有越来越高之势，就是因为人们不再愿意忠诚于婚姻。当自己所爱的人与其他的异性开始婚外的恋情，又有几个人能够真正能容忍呢？！看到第三者比自己年轻貌美，当然是出轨的人喜新厌旧。如果看到第三者又老又丑，甚至各个方面的条件都不如自己，只怕其心理很难得到平衡吧！的确，这个现象很奇怪，为什么很多第三者都不如原配呢？也就是说原配实际上比第三者更加优秀、美丽，这让人百思不得其解。倘若输给一个比自己年轻漂亮或者英俊潇洒的人也就罢了，却被一个处处不如自己的人侮辱，这口恶气简直让人难以下咽。实际上，从心理学的角度来说，很多人之所以出轨，并不是为了追求更美丽的妻子或者更英俊的丈夫。从本质上说，他们只是在追求刺激。

试想，一对夫妻从30岁结婚，到40岁时，女人已经人老珠黄，男人正值好年纪。当日复一日地看着身边的女人，他们虽然并不嫌弃，却已经熟悉得如同左手握右手了。那么，他们理所当然想要去握一握别人的手，看看是怎样的感觉。他们所在乎的是这双手是别人的，而不是自己的。仅此而已。唯一不同的是，有些男人能够控制自己的这种不道德的举动，有些男人却顺从这种举动，无法控制自己。这就是为什么很多男人出轨，第三者并不见得多么年轻漂亮的理由。

有很多人都迷恋出轨的刺激感觉，虽然过后他们也会觉得内疚，但是经过一段时间之后，他们很快又会觉得心中空虚，又想把整个过程再来一遍。这就像是上瘾，对于喜欢追求冒险和寻求刺激的人而言，总是欲罢不能。相比女人而言，男人往往更喜欢追求刺激和冒险，因而在出轨的比例中，男人占有更大比例，这是由其生理特点所决定的。

刚刚大学毕业，艾琳就和冯刚结婚了。他们从大二开始谈恋爱，已经谈了三年，虽然大学毕业之后还没有任何经济基础，但是艾琳义无反顾地嫁给了冯刚。她对冯刚爱得死去活来，结婚之后，冯刚让她在家相夫教子，她几乎不假思索地就同意了。很快，艾琳就有了孩子，之后更是把所有的时间和精力都用于家庭。

等到孩子六岁时，艾琳把孩子送去上小学，感觉终于可以松口气了。这时，她才意识到自己已经脱离社会太久了，也才开始渐渐把心思分一些给冯刚。此时的冯刚士别三日当刮目相看，因为有着稳定的大后方，他的事业发展得风生水起，现在已经是公司副总了。这就是男人和女人在家庭生活中不同的收获。六年的时间，艾琳收获了孩子，冯刚则成为公司的高层管理者。

原本，艾琳从未想过冯刚居然会出问题。直到一个和冯刚同在一家公司工作的老同学把照片发到她的手机上，她才意识到自己这几年失去了什么。照片里，冯刚正与其秘书亲昵地吃着一碗面。艾琳突然间觉得天都要塌了。她马上开始调查这个年轻的女孩儿，却发现她既没有自己长得漂亮，又是个三本大学的毕业生，也根本没什么能力。对此，艾琳向老同学哭诉："为什么，为什么会这样？"老同学语重心长地说："你呀，你呀，早早地结婚生孩子，失去了自我。人家再不如你，也比你年轻，而且没有像老妈子一样伺候冯刚六年多的时间啊！你想想，你现在在冯刚心里是不是像老妈子一样呢？！他握着你的手，估计早就像左手握右手了。"

老同学的话让艾琳陷入沉思，她很清楚，如果自己再不改变，就会陷入更加被动的境遇。毕竟，婚姻是需要经营的，而男性猎奇的天性是永远不会改变的。

在婚姻生活中，每个人女人都需要得到男性的关爱，这是对于爱情本能的追求。每个男人也同样如此，只不过他们的天性中有着更多的不安分因素，他们更喜欢保持新鲜和刺激的感觉。在这种情况下，要先成为一个好妻子，只有贤惠和善良还远远不够，还要能够激起男性的兴趣和性趣。精神与肉体在爱情生活中缺一不可，只有保持高度的统一与和谐，才能让婚姻生活更稳定幸福。

对于有责任心的人而言，尚且能够抵御婚姻以外的诱惑。如果一个人本身就已经对婚姻感到倦怠，那么肯定会因为外界的诱惑而心驰神往。不管你是男人还是女人，对于爱情和婚姻都应该保持理智和客观，既要接受爱情的善变，也要努力地保持爱情的新鲜度。

心理课堂

需要注意的是，很多人在进行婚姻以外的冒险尝试以追求新鲜感和刺激感时，并不想结束原有的婚姻关系。他们也并非对配偶感到不满意，而只是出于本能去寻找荷尔蒙飙升的感觉。要想责任与新鲜兼顾，其实并非没有办法。生活是需要变通的，我们完全可以通过多样化的方式，带给伴侣和自己更加新鲜而又完美的婚姻体验。这一切，必须靠婚姻的双方去努力。

一成不变的生活为何让你无法忍受

看看众生百态，似乎每个人都活得饶有兴致，为何你对于自己的人生总觉得寡淡无味呢？在别人的生活里，成功者有成功者的喜悦可以分享，失败者有失败者的经验可以总结。如果人生既没有成功也失败，寡淡得如同一杯白开水，又如何能充满热情的拥抱未来呢？由此可见，对于人生而言，最值得欣慰的不是获得成功，最让人绝望的也不是面对失败，而是一成不变。

生活，总是需要改变的，因为唯有改变，才有可能进步。对于生活的平淡，很多冒险型人格者都觉得难以忍受。其实，我们完全没有必要被动地等着生活改变，因为我们可以主动改变自己。“心若改变，世界也随之改变”，此话用在这里同样合适。

为什么人们很难容忍生活的一成不变呢？究其原因，生活就像是潺潺溪流，只有随时随地处于变化之中，才能不断进步。倘若生活变成一潭死水，那么很快就会腐烂发臭，直至最终彻底失去活性。这应当是每个人都不愿意看到的生活现状。

晓雪是一个喜欢冒险的女孩儿，但是她性格孤僻，喜欢独来独往，因而直到二十几岁，依然从未谈过恋爱。眼看着她身边的很多同伴都找到了意中人，开始了轰轰烈烈的恋爱，晓雪觉得沮丧极了，她甚至对自己的社交能力产生了怀疑，觉得自己根本没有能力与人交往。

在一个阴雨连绵的日子，晓雪在家人的建议下决定向心理专家倾诉自己内心的苦衷。她的手是那么冰冷，就像是窗外淅淅沥沥的雨水。心理专家看着晓雪苍白的面孔，说："晓雪，你是一个很可爱的女孩儿。再过几天，是我女儿的周岁生日，我很担心到时候太忙，你愿意成为我的特邀嘉宾，帮我照顾到场的每一位客人吗？"晓雪迟疑地看着心理专家，她不确定自己能否把这件事情做好。但是她很清楚自己的生活需要改变，否则已经游遍千山万水的她，心底里只会陷入更深的孤独。因而，她纠结地点点头。

心理专家笑着说："你明天先去好好做个发型，记住，要按照理发师的建议去做发型。再去商场给自己准备一件美丽的晚礼服，不要按照自己的眼光挑选，我建议你听从导购员的推荐。"虽然不知道心理专家的真实用意，小雪还是认真地点点头。心理专家继续叮嘱小雪："到时候，我家会有上百名客人。我希望你能帮我照顾好每一个人，因为他们之中的有些人其实是互不相识的，我很怕照顾不周。"晓雪嗫嚅着说："但是，我不知道如何照顾别人？"心理专家不以为然地说："其实很简单，如果你觉得热了，别人肯定也觉得热了，那么你就去把空调的冷风开大一些；如果有人饿了、渴了，你可以给他们端一些酒水、点心。"果然，在约定好的日子，晓雪就像变了一个人一样，成为整场宴会中的焦点。她脸上挂着笑容，衣着得体，妆容精致，甚至完全忘记了自己是一个哀怨的大龄女青年。最终，有好几个优秀男性的目光都被她吸引了，甚至在宴会结束后主动提出来要送她回家！

最终，晓雪接受了其中一名男性的追求，他们很快就坠入了爱河。

对于喜欢冒险的晓雪而言，每次旅行都是一次孤独的洗礼。她能够敞开心扉接纳全世界，却唯独不知道如何与他人接近。在心理专家的建议下，晓雪轻而易举地就找到了与人相处的方法，因而在宴会上表现突出，成为很多男性瞩目的焦点。

很少有人能够接受一成不变的生活，其实，当生活的河流放缓速度不再激流勇进时，我们完全可以主动改变自己，因为世界上的万事万物之间都有着微妙的联系，一旦其中的某一个环节或者某一个方面改变，很多事情都会随之改变。就像一个人原本愁眉不展地坐在家里，甚至懒得出门，那么当他被朋友拽出去一起逛街或者运动时，也许一个小小的契机就能够改变他的心情，调动他的情绪，让他瞬间开心起来。生活的奇迹无处不在，为何不随时努力呢？！

心理课堂

一成不变的生活就像是一潭死水，总是让人难以接受。对于这样的生活，我们必须想办法改变，才能一石激起千层浪，让生活的河流再次奔涌向前。很多情况下，人是很容易被感染的。如果生活中没有什么能够让我们激情澎湃，那么我们就想办法去创造。只要动起来，就会充满无限生机。

冒险，是追求刺激的源泉

我们常常在电影和电视节目中看到很多探险家的身影，他们看起来似乎很酷，因为他们总是深入人迹罕至的原始森林，经受各种各样的考验而从不放弃，甚至经历很多超乎人们想象的事情。无疑，探险家的生活不但充满刺激，而且非常浪漫。很多人都喜欢看科教频道的探险节目，跟着贝尔一起去深海，去丛林，去沙漠，去荒野探险。然而，当看到贝尔吃虫子，用蛇皮接自己的尿液喝时，他们又觉得不可思议，甚至有人因此而恶心起来。这就是探险的真相。从本质上来说，探险并不像我们所想象的那般浪漫潇洒，而是步步惊心地面对危险，甚至随时都有可能失去生命。对于这样的探险，你还觉得刺激吗？

在游乐场，很多人喜欢坐过山车，虽然怕得要死，但是依然会胆战心惊地去坐。还有些人喜欢玩蹦极，现在还有了滑翔等极限挑战运动。这些运动，其实都是专门为爱冒险的人士准备的，是他们追求刺激的合理途径。在真正通往探险的路上，有无数热衷于探险的爱好者甚至是专业的探险家，都在恶劣的自然环境中失去了生命。那么，他们为什么依然会前仆后继呢？因为这是对自我的超越，同时也能使人得到满足。

曾经有位探险家在自己的著作里，把探险称为世界上最糟糕的旅行。据他记载，很多前往南极的探险队都全军覆没了，但是对于这个人类的足迹尚且未到达过的净土，无数人前仆后继，即使失去生命也在所不惜。这就是人类的冒险精神，也是人类对于自然界的征服决心。

作为一名探险家，马洛里毕业于剑桥大学，不但学识渊博，而且还曾经在英国著名大学查特豪斯大学担任教师，并兼任院长。但是让大家都想不到的是，马洛里这样一位在学术界大名鼎鼎的人物，却特别热衷于探险。1922年，他从北坡出发，朝着珠穆朗玛峰的顶峰攀登，不过失败了。时隔两年，他与队友结伴，再次向珠穆朗玛峰进发。当记者问他为什么一定要登上珠穆朗玛峰时，他毫不迟疑地回答："因为它在那儿！"这句话，在探险者的世界里几乎尽人皆知，也是马洛里给予整个世界的最好解释。

在说出这句话没多久，马洛里在北坡攀登珠穆朗玛峰再次失败。直到1999年，人们才在珠穆朗玛峰发现马洛里的遗体。尽管马洛里永远留在了珠穆朗玛峰，但是他勇于探险的精神，和他慷慨激昂的探险宣言，都依然流传于世，激励着世界上层出不穷、前仆后继的探险家们。

"因为它在那儿！"这也许是对人类探险精神的最好诠释。如果没有这样的精神作为支撑，深知探险可能面临巨大风险甚至生命危险的探险家们，不可能如此前仆后继，如同飞蛾扑火般无怨无悔。甚至有的专业探险家，对于自己即将身处怎样的险境，以及会在何时有可能失去生命，都是能够推测出来的。但是这并不能阻挡探险家们的脚步，也不能击败他们的勇敢和清除他们的信念。这就是冒险精神，这就是追求刺激的勇气。

毋庸置疑，探险活动的成功或者失败，与运气也是密不可分的。正如中国古人所说，"天时、地利、人和"。有好的队友，如果天气状况不那么恶劣，探险家们的探险之旅也许就会更加顺利些。如果情况恰恰相反，天气状况恶劣，又没有得力的助手作为配合，那么探险则凶多吉少。才刚刚几个月的婴儿就会表现出极大的好奇心，这是人类勇于探险、追求刺激的基因在发挥作用。而且，这其中也蕴含着人们勇于向大自然挑战，不懈追求的精神。

心理课堂

个体是有极大差异性的，并非每个个体都勇于探险。对于大多数普通而又平凡的人而言，安稳幸福的生活依然是他们的追求，即使想要追求刺激，也会选择安全有保障的游乐项目，诸如玩儿过山车、卡丁车等。然而，人类在漫长的历史长河中，之所以能够不断地进步，正是因为少数有领袖精神的探险家的存在。有一位研究西方经济的学者曾经说，“西方社会之所以能够飞速发展，与人们强烈的探险精神和贪得无厌的欲望是密不可分的”。这就像是一把“双刃剑”，需要人们去合理的发挥和利用，才能最大限度地发挥其正面积极的作用。

第12章

说谎型人格：说谎成瘾是一种心理病态

对于严重的说谎型人格而言，他们所说的每一句话几乎都包含着谎言，这并非因为他们愿意欺骗他人和自己，而是因为他们已经习惯了说谎，也已经把说谎当成是生命中最自然不过的表达。也许有人自诩诚实，但是却没有人能够保证自己一生之中从不说谎。这里需要注意的是，善意的谎言也是谎言，哪怕你是出于好心，也不能改变你说谎的本质。那么，接下来，你应该问问自己：“我今天说谎了吗？”

生活中，有谁从未说过谎呢

每个人的心里都住着一个骗子，当你因为自己被他人的谎言欺骗而愤愤不平时，不如扪心自问："今天，我说谎了吗？"只要你认真仔细地想一想，你会发现你肯定说谎了，只不过有些谎话张口就来，显得没有那么正式，所以你甚至忽视了它们，根本没有意识到它们是谎言，因而就把它们抛之脑后了。

举个最简单的例子，你爱人打来电话问你在干什么，你张口就说自己在办公室处理文件，实际上你在接电话的前一秒还在无聊地浏览色情网站；你的领导问你前几天的那个文件处理完没有，你压根儿没有开始做，却随口搪塞领导："正在做着，很快就能完成了"。每到春节，父母总是信誓旦旦地对孩子说会把他们的压岁钱存起来，可实际上等到孩子们想要的时候，这笔钱早已不存在了。即便是两岁半的孩子，在面对父母不允许他看的电视，也会气急败坏地喊道："再给我看一集吧，看完我就睡觉了……"这一切，都是谎言，而且是日常生活中随处可以听到的谎言，遗憾的是不管听的人还是说的人，都没有意识到这些表达作为谎言本质的存在。他们觉得是搪塞，是策略，是高情商的表现。

此时此刻，如果你说你从未说过谎，你也一定是在撒谎。从某种意义上来说，每个人都会说谎，只不过每个人说谎的初衷不同，而且频率也各不相同。现实生活不可能是完美的，谎言就是生活中真实的缺憾。生活中存在谎言其实是合理的现象，甚至在人际交往中，如果没有谎言的存在，那么各种关系就会变得非常僵硬和复杂。由此可见，说谎是有必要的。因为很多情况下，如果你按照自己的真实想法去表达，而不以谎言作为润色，不管是真相还是真话，都是让人难以接受的。从这个角度来说，谎言是生活的润滑剂，尤其是善意的谎言，更能够帮助人们之间的关系变得和谐美好。

不要以为你没有和匹诺曹一样的长鼻子，你就能够避嫌，就可以义正言辞地说自己从不撒谎。一个再怎么老实、本分、善良的人，也有可能撒谎，只不过不是出于伤害他人的目的，而是出于保护他人的目的。但是我们前文说了，善意的谎言也是谎言，就像是黑猫、白猫都是猫一样。当一个人真的大言不惭地说自己从未说过谎时，你可以接受他的真诚，但是你必须知道他绝非从未撒过谎，最多是从未意识到自己曾经撒谎而已。

作为一个很少撒谎的人，楠楠的人缘可真不咋样。她总是特立独行，说话做事都不在乎他人的看法，似乎全世界只有她一个人一样。

前段时间，楠楠准备拒绝一个追求她的男生。当这个男生当着很多人的面向她表白的时候，楠楠居然不加掩饰地对男生说："对不起，你太矮了，我不能接受你。"可想而知，这位男生的自尊心受到了很大的伤害。事后，好朋友对楠楠说："面对一个喜欢你的男生，你怎么那么不给他不留情面啊？！"楠楠不以为然地说："那应该怎么说？我要是说我觉得他太优秀了，会找到更好的女朋友，他岂不是还要对我死缠烂打？"女友无奈地笑了："那你也可以说你觉得你们不合适啊，性格不合，兴趣爱好大相径庭，没有共同语言！"楠楠不屑地说："虚伪！"

有一次，楠楠所在的班级来了一位代课老师。这位代课老师看起来有40岁左右，秃顶，个子矮矮的，身材粗壮，皮肤黝黑。课间，为了尽快与同学们熟悉起来，老师没有走，而是和同学们闲聊。有个同学问老师："老师，你家孩子多大了？"老师不好意思地笑了，说："我还没结婚。”这时，站在一边的楠楠大惊小怪地喊道：“老师，你都40多岁了还没结婚啊！”老师莫名其妙地说：“我才32岁啊，准备35岁结婚！”楠楠更加口无遮拦地说：“老师，你才32岁啊！你看起来可真老啊，我一直以为你得40多岁了！”这句话让老师羞愧得无地自容，只得自嘲说：“委屈大家了，我长得对不起观众！”

大概老师不会觉得楠楠率真，而只会记住这个让他尴尬无比的小女孩儿，嘴上如此不留情。如果楠楠能够学会说些善意的谎言，那么即使拒绝了追求者，也不会伤透对方的心；即使惊讶于老师的面相老，也不会那么直截了当地说出来，让老师难堪。生活中，爱撒谎是件麻烦事，不会撒谎也是件麻烦事。尤其是在人际关系被提升到一定高度的现代社会，如果一个人不能与身边的人友好相处，则一定会导致自己处处不受欢迎，甚至受到排挤。

试想一下，假如有一天这个世界上不再有谎言，那将会是件多么可怕的事情啊！所谓凡事皆有度，过度犹不及。不管是谎言横行的世界，还是完全没有谎言的世界，都是让人感到难堪和尴尬的。我们唯有把握适度的使用谎言当作人际交往的润滑剂，才能让谎言发挥积极的作用。

心理课堂

曾经有心理学专家认为，谎言的本质是生存机制。尤其是当觉得无法应付周围的环境时，人们就会开始说谎。这与曾经认为说谎是一种精神障碍或者是道德败坏的表现的观点截然不同，给予谎言更加合理的存在理由。研究证实，有很多功成名就的大人物，也会存在说谎的现象，而这并不妨碍他们获得成功，受人敬仰。由此可见，谎言是有两面性的，必须合理掌握和适度运用。

当谎言脱口而出，你必须承认说谎是本性

说谎是人的本性，这一点在很多人都对谎言脱口而出上可以得到确凿无疑的证实。很多人说谎时都是不假思索的。由此可见，前文把说谎看成是一种自我保护机制，也无可厚非。从是否明显可见的角度，我们可以把谎言分为潜移默化型和显而易见型。顾名思义，潜移默化型的谎言，很多时候都披着虚伪的外衣，人们根本不可能在短时间内辨识出来。显而易见型的谎言则与此恰恰相反，这种谎言一看就是吹牛皮，夸大其词，谎话连篇。当然，和显而易见型的谎言相比，潜移默化型谎言更加具有欺骗性，而且因为人们对其毫无防备，所以危害性更大。随着科学技术的进步，在侦破各种疑难案件时，刑侦人员开始利用测谎仪，以此监测人们说谎时脑电波的异常反应。最终的研究结果显示，人们在说谎的时候的确有两个大脑区域异常活跃。换言之，人们在紧张不安或者应对突发情况时，大脑的确会自动生产谎言，从而避免自己陷入尴尬的情势之中，同事也可以躲避危险。就像膝盖的条件发射一样，撒谎从某种意义上说也是人的一种本能反应，而且很多谎言都在无意识的情况下诞生的，因而人们往往无法察觉自己是在说谎。

今天是罗杰参加公司竞选的日子，他期盼已久的晋升机会就在眼前，因此昨晚他兴奋得一夜未眠。今天早晨他居然没听到手机的闹铃声，一下子多睡了半个小时。原本宽裕的时间，突然间变得紧张起来，罗杰不确定自己能否在最短的时间里赶到公司总部，参加竞选。

罗杰刚刚上了公交车，主管的电话就打来催促他了，问他到了哪里。罗杰几乎不假思索地说："在路上，马上就到了！"主管挂断电话，时间又过去整整15分钟，他依然没有看到罗杰准时到达。为此，他不得不再次打来电话问罗杰到底在哪里，罗杰还是搪塞说："马上到，马上到！"此

时，罗杰乘坐的公交车正被堵在路上，根本动弹不得。眼看着又是5分钟时间过去了，罗杰不得不下车朝着最近的地铁站赶去，他只能做地铁了。此时此刻，距离他的竞聘开始只有10分钟了，主管有些不耐烦地在电话中喊道："你到底还有几分钟能到？"罗杰不停地说："马上，马上，再稍等一下，真的马上！"就这样，直到20分钟之后，罗杰才赶到公司楼下。当主管咆哮的声音在电话里再次响起时，罗杰赶紧说："已经下电梯了，下电梯了！"其实，此时此刻，罗杰正在一层的电梯口等电梯呢。

罗杰的谎言，生活中有很多人说过，也都听过。每当被他人催促时，我们总是不假思索地说"马上""快到了""一分钟""别着急""真的到了"等。这些词语毋庸置疑是在不计后果地安抚别人，求得一时的安宁和平静。尤其是在对方催促得很急时，我们甚至会谎称自己已经经过了哪里，下一站就到哪里了。如此脱口而出的谎言，让我们在反思自身时，很难意识到自己已经撒过谎了。这就是谎言的隐蔽性。

生活中的很多谎言都并非出于恶意，因而也没有明显恶劣的后果。在说这样的谎言时，说谎者往往情绪放松，心情愉悦，丝毫不会感到愧疚。与此恰恰相反，有种恶劣的谎言，在说谎之前就经过精心谋划，目的就是把某个人或者某件事情推向无可挽回的境地，给他们造成伤害。一旦想到自己的谎言会把别人推入痛苦的深渊，说谎者难免会感到心慌、心虚。有些说谎者是对权势和地位高于自己的人或者是长辈说谎，还会因为担心谎言败露，而承担巨大的心理压力。由此可见，为了融洽人际关系说些善意的谎言无伤大雅，如果采取说谎的方式伤害他人，就会酿成恶果。

心理课堂

以前，我们总认为说谎者一定是面色紧张的，殊不知，大脑很会伪装自己的谎言，以便使其看起来更可信。因而在它飞速运转编造谎言时，也会给身体的诸多部位发出指令，从而使面部表情看起来更自然，肢体语言也不那么僵硬，这样似乎更能掩饰谎言。很多情况下，人们并不能意识到大脑为了掩饰谎言而指挥身体做出的种种行为，因而也就无法清晰地意识到自己是在撒谎。殊不知，欲盖弥彰，这样反而会使撒谎者显得更不自然。

有的人喜欢撒谎，就像戒不掉的瘾

每个人的心里都住着一个骗子，每个人的心里也都有一连串喷薄欲出的谎言。既然撒谎会给我们带来那么多难堪和尴尬，既然撒谎与我们从小接受的诚实做人相违背，为什么还有那么多人喜欢说谎呢？有些人之所以说谎，就像瘾君子戒不掉毒品一样，完全是因为上瘾。他们喜欢说谎的感觉，喜欢信口胡说的快意，喜欢不假思索吹嘘夸张的随性。这就是撒谎的瘾。

心理学家经过研究证实，撒谎的确是容易上瘾的。很多人撒谎的话张口就来，非常自然，根本看不出来是刻意为之的谎言。这种癖好，就是一种瘾。对于说谎引起的紧张不安、心悸，他们反而会觉得非常兴奋，甚至产生快感。有些说谎成性的人，即便在陈述事实时，也会添油加醋地加上自己即兴发挥的谎言，甚至故意捏造一个故事，好让别人对他深信不疑。还有些说谎者看到自己成功地骗过了他人，会觉得具有优越感，甚至觉得自己很聪明，因而得到极大的满足感。通常情况下，这种撒谎成性的人把谎言编造得天衣无缝，看起来比真话更真，让人难以辨识。除非是特别了解他人的人，否则很难准确区分他所说的哪句话是真的，哪句话是假的。

正如一则公益广告里说的，“对于野生动物，没有买卖，就没有杀戮”。我在这里要说：“谎言的市场之所以如此繁荣，是因为谎言不但能够让说谎者感到快乐，也能给予听者的虚荣心以极大的满足。”每个人都喜欢听别人拍自己的马屁，恭维逢迎，甚至明明知道对方说的是假话，他们也觉得万分满足。这样一来，必然助长了说话者，让他们更加热衷于以夸张的谎言溜须拍马。但是一旦说谎的次数变得多了或者时间变长，就会产生一个很严重的问题，即连自己也分不清自己那句话是真那句话是假了。这种情况，在夸夸其谈者的身上，表现十分明显。说谎的人最终把自己也骗了，是不是莫大的悲哀？

张大妈是个很爱说谎的人。也许是因为家境一直没落吧，好不容易等到唯一的女儿大学毕业，她终于有了炫耀的资本。虽然女儿独自一人在大城市奋斗，每个月的工资也不高，但是张大妈却对街坊四邻说她的女儿在外企当白领，早就月薪过万了。说得时间长了，张大妈就以为女儿真的月薪过万了。有一次她过生日，居然打肿脸充胖子，给自己买了条很重的金项链，还说是女儿给她买的！其实这条项链花了张大妈好几年的积蓄。

女儿结婚后，张大妈去帮女儿带孩子。为了给自己脸上贴金，张大妈带着孩子在小区里玩儿的时候，告诉左邻右舍自己是带薪保姆。其实，张大妈是个下岗女工，退休金只有可怜的1000元钱，女儿、女婿仅包她吃喝拉撒等生活所需。后来有一次，张大妈和女儿因为一点儿小事情闹矛盾，张大妈居然当着女儿的面说自己是带薪保姆，女儿瞠目结舌，说：“妈妈，我自从工作之后未花过您一分钱，虽然你帮我们带孩子很辛苦，但是也不能说整个家都是你在养着吧！”此时此刻，张大妈才意识到自己在外面的吹嘘居然被自己信以为真了，不由得羞愧地低下了头。

对于张大妈而言，当谎言或者夸大其词的话说得多了，自己就也以为是真的了。这样的话在外面给自己充充面子还好，如果被自己家人听到了，当然会觉得心理不平衡了。在经过这件事情后，也许能够让张大妈夸大其词的坏习惯有所改善吧。

越是虚荣的人，越是喜欢夸大其词。所谓“人活一张脸，树活一张皮”，在爱慕虚荣的人身上有着生动的诠释，他们总是把面子看得高于一切。现实生活中，他们还很喜欢攀比，似乎活着的意义就是与他人一较高低。为了维护自己可怜的虚荣心，为了证实自己活得比别人精彩和潇洒，他们必须不停地说谎，说着说着，就开始自欺欺人，信以为真了。

心理课堂

说谎成瘾者往往出于一种病态的心理，如果生活中每时每刻都在满嘴跑火车，则无疑让人感到可怕。适当地说些善意的谎言，则能成为人际沟通的润滑剂，能够帮助说者委婉地诉说真相，也帮助听者更容易接受真相。凡事过犹不及，谎言也因其虚无缥缈，根本没有在现实生活中站住脚的根基。

眼见未必为实，我们要多多用心

早在几千年前，孔子就曾感慨，“眼见未必为实”。那么，如果你还以为说谎必须用嘴，就落伍了。喜欢看电视节目的朋友们会发现，在电视节目摄制的情节中，很多亲人、朋友、爱人之间的误解，就是因为进入了眼见为实的误区才导致的。举个最简单的例子，一个女孩儿看到她最爱的男朋友和另一个女孩儿卿卿我我，因而感到伤心欲绝。甚至她的男朋友还非常亲昵地亲了亲那个女孩儿的额头，这让她简直无法忍受，因而她离开了。但是她所错过的是，在接下来的情节中，那个被亲额头的女孩儿大声地喊着哥哥，还抱着哥哥的胳膊不放手。原来，那个女孩儿只是她从未曾谋面的小姑子，正准备和她哥哥一起来见这位未来的嫂子。正是眼见为实的误区，让女孩儿失去了最基本的判断力，而且就像读书只读了一半一样，根本不曾知道什么是真正的结局。

利用大多数人眼见为实的心理，很多别有用心的人会故意制造假象。任何时候，我们都要保持清醒和理智，才能在冲动之余保持镇定，探寻真相。

被陈蔡困住时，孔子吃了很多苦，有一次居然连续七天未曾吃过一粒米。孔子的弟子颜回心疼老师，因而特意外出讨要了一些生米，拿回来煮给孔子吃。孔子从外面回来，一抬头却看见颜回正在用手抓锅里的米饭吃。孔子没有当即质问颜回，而是等到颜回把饭做熟，进屋来请他吃饭时，佯装不知情地说："刚才，我梦里得到先祖的指示，要给尊长供奉。不知道锅里的米是否干净，如果干净，我就要用它来献给尊长。"颜回听了孔子的话，连连摆手，说："使不得，使不得。我烧饭的时候，不小心把煤渣儿掉到米饭锅里了。大米来之不易，我就把弄脏的米粒捡出来吃掉了。所以，锅里剩下的食物也不干净，不能供奉尊长。"

听了颜回的话，孔子暗自庆幸自己没有质问颜回。他深刻反思自身，教导弟子们说："所信者目也，而目尤不可信，所恃者心也，而心尤不足恃，弟子记之，知人固不易也。"这句话告诉弟子们，不能相信自己看到的，也不能相信自己判断的，因为识人不易。

孔子的事例告诉我们，眼见未必为实。在现实生活中，我们每个人都要更加用心地观察和感受，才能做到肤浅地了解他人。任何一次偶然发生的事情，即便是你亲眼看到的，都不要将其作为判断一个人的标准。因为一旦遇到居心叵测者，你所看到的事实也许只是其精心设计的圈套。我们必须更加深入地体察细节，更加全面地综合信息，才能做到全方位地观察和考量。

尤其是对于说谎型人格者而言，在与他们相处的过程中，我们更应该察言观色，千万不要被表象蒙蔽眼睛，否则一切就会失真。

心理课堂

不管是听到的还是看到的，都未必是真的。在说谎型人格者这里，未必只有语言才能构建谎言，还可以以真实发生的形式，让人误解真相。在这种情况下，我们一定要保持平静和理智，才能准确识破谎言，也才能避免说谎者的阴谋诡计得逞。所谓路遥知马力，日久见人心。当你拿不准如何给一个人或者一件事情下定论的时候，千万不要着急，因为你还有很多时间可以慢慢感受和判断。

谎言总会有破绽，看你如何练就火眼金睛

匹诺曹的鼻子变长了，你当然知道他撒谎了。然而，现实生活中，不但有显而易见的谎言，也有隐藏很深的谎言。有些说谎成瘾者的谎言，甚至比真话听起来更真。在这种情况下，你如何练就火眼金睛，准确识别谎言，避免受到谎言的危害呢？

众所周知，人与人之间的交流，主要依靠语言、声音和视觉。那么，一个人的声音特征和各种肢体语言以及微表情，则能够表现出一个人说话时的心理状态，也能看出他是否在撒谎。从这个角度来说，要想练就火眼金睛，识破一个人的谎言，就必须拥有细致入微的观察能力。只有敏感地捕捉到他各种细微的异常表现，才能抓住蛛丝马迹进行判断。需要注意的是，作为沟通最重要的方式，声音和表情都不容忽视。尤其是微表情，因为其往往出于无意识，所以更能表现出人们内心的真实状态。

喜欢看刑侦片的朋友们会发现，现在公安系统已经有了能够解读微表情的专门人才。在审问过程中，他们在通过语言交流的基础上，还深入

细致地观察犯罪嫌疑人的微表情，就能够准确地洞察他们的内心，甚至准确判断他们的那句话是真，那句话是假。也许有人会说："微表情那么单调，无非就是五官不易觉察的抽动，能看出来什么呢？"其实，微表情的世界很丰富，只有当你足够深入了解微表情时，你才能准确判断出微表情的各种含义和其隐藏的深层次心理状态。

对于爱撒谎的合作伙伴丁丁，令若男感到头疼不已。原来，上司交给若男和丁丁一个共同的项目，让她们俩一起负责。原本，若男已经承担了大部分工作，而只让丁丁做些查找资料的清闲活儿，不承想，足足一个星期的时间过去了，刚才若男问丁丁资料找得怎么样时，丁丁瞪着双无辜的眼睛直勾勾地看着若男，说："嗯，男姐，已经差不多了，明天就能给你。"经过和丁丁的几次合作，若男已经见识了她撒谎的本领。因而，当看到丁丁直勾勾地盯着自己看时，若男就心知大事不妙，因而她再次追问："真的能给我吗，明天？"丁丁依然盯着若男，连连点头。若男不以为然，说："好吧，我不管你到底进展到哪一步了，我只看结果，明天交给我资料就行。如果到时候交不出来，你也别怪我无情，我会在老板面前告你的黑状。"

也许是若男最后的这句恐吓起了作用，果然，第二天丁丁瞪着两只熊猫眼来上班了。若男心中暗自窃喜："看来，这家伙肯定彻夜未眠赶工了，活该，谁让她不早点儿未雨绸缪！虽然丁丁上交的资料不是很齐全，但是总比什么都没有好。因为这次准确识破丁丁的谎言，若男也给了她一个下马威，她们后来的工作才能进展得更加顺利。

为什么丁丁瞪着无辜的大眼睛看着若男，若男反而断定她是在撒谎呢？通常情况下，不应该是眼神游移不定、躲躲闪闪的人才是撒谎者吗？其实不然。很多撒谎者并不觉得心虚，反而带着挑衅的意味。因而，他们非但不会在撒谎的时候避开对方的眼睛，反而会与听者进行眼神的交流，一则是掩饰自己正在撒谎的本质，二则是为了证实自己的目的是否得逞。

丁丁，就是这样一个胆大妄为的撒谎者。因为谎言出乎意料地被若男识破，所以她不敢继续顶风作案，只能利用整晚的时间查找资料，总算勉强完成了任务，也没有拖团队的后腿。

生活中，只要你仔细观察，会看到人们的微表情其实是特别丰富的。还有些撒谎的人喜欢揉鼻子，或者反问，或者以重复的方式回答问题，或者摸自己的耳朵、挠自己的脑袋。虽然人的心思非常细腻，能够编造出看起来比真实更真实的谎言，但是人的身体无意识的动作，却会出卖人的内心。对于说谎者而言，这不得不说是一个莫大的遗憾。

心理课堂

微表情的形式多种多样，可能是面部一个具体而又细微生动的动作，也可能是一种莫名其妙的表情。在洞察并且分析他人的微表情时，我们一定要非常用心，而且还要结合当时的实际情况综合分析，才能做出相对准确的判断。作为微表情专家——艾克曼认为，人的脸会折射出人的灵魂。当你对微表情的了解和研究足够深入，这句话就变得不那么玄妙，而是可以实现的。

说谎的原因千奇百怪，溯源才能寻根

从稚龄的孩童，到花甲的老人，几乎每个人都会说谎。那么，人们为什么说谎呢？在马斯洛需求层次理论中，除了最基本的生理需求外，几乎一切的言行举止都是有动机的。人们说谎的动机是什么呢？

记得有一个两岁半的小女孩儿，她很喜欢看动画片《熊出没》，但是为了保护视力，每次她的妈妈都只让她看一集。有一天，当她看完一集动画片后，她妈妈马上拿起遥控器把电视关掉，小女孩儿突然用稚嫩的声音说："妈妈，再给我看一集吧，再看一集我就睡觉了。"这么小的孩子，就开始有意识地说谎，只为了实现多看一集动画片的目的。随着年龄的渐渐增长，孩子们小小的心灵也拥有了很多的欲望和心思。为了满足自己的欲望，达到自己的目的，他们越来越频繁地说谎。即使是成人，也依然无法摆脱为了达到个人目的而说谎的初衷。由此可见，达到自己的目的，是很多人说谎的理由。

前文我们说过，有些谎言是恶意的，说谎者说谎的目的就是伤害他人。与此恰恰相反，有些谎言则是善意的，说谎者说谎的目的是为了保护自己所爱的人，或者是为了安慰他人的心。这两种谎言既然初衷不同，自然杜绝说谎的方式也是不同的。对于恶意说谎的人，可以让他意识到说谎的严重后果；对于善意说谎的人，则可以告知他你并不因为善意的谎言就少受伤害。

生活中，还有些人说谎是为了挑战自己，迷恋说谎的快感。他们持之以恒地与不同的人说谎，每当目的达成，就会觉得非常满足，且有成就感。这是典型的说谎成瘾者。还有些人说谎的方式是夸大其词，目的是为了满足自己的虚荣心。在这种情况下，帮助他们端正态度，改掉处处与人攀比的坏毛病，才是最重要的。

总而言之，每个人说谎的目的都是不同的，为了帮助说谎者改掉说谎的毛病，我们应该首先弄清楚他们说谎的原因，然后才能对症下药，有的放矢。

眼看着就要开家长会了，明明因为沉迷于电脑游戏，最近的学习成绩下滑得厉害。他知道，如果让爸爸、妈妈中的任何一个人去开会，回家之后肯定会暴揍他的。思来想去，刚上初一的明明居然想出了一招瞒天过海。他拿出平日里积攒的压岁钱，到人才市场上找了个和他爸爸年纪相仿的男性，让他代替自己的爸爸去开家长会。虽然这种做法让人听起来啼笑皆非，但是既然能赚钱，那个男性当然无所谓啦，毕竟只是去开会，顶多也就被老师训斥几句。

就这样，明明隐瞒了开会的事情，也搪塞过了老师。后来有一次爸爸因为要接明明去体检，所以提早去学校跟班主任请假。看着又一个明明爸爸，班主任惊讶地问：“你是谁？”明明的爸爸也一头雾水：“我是明明的爸爸啊！”班主任又问：“那么，上次来开家长会的是谁？”明明的爸爸说：“开家长会？什么时候开家长会了，我怎么不知道呢？”经过一番沟通，他爸爸和老师这才知道是明明搞的鬼。看到明明居然会雇佣别人来当他爸爸，他爸爸产生了深深的挫败感。明明为什么不让自己的爸爸开家长会呢？难道在他心里，爸爸、妈妈就这么可怕，这么不值得他信任吗？明明到底怎么了，为什么要和父母以及老师撒谎呢？

在这个事例中，明明之所以铤而走险，雇佣别人去开家长会，欺骗老师和父母，就是为了避免挨揍。在他心里，对于挨揍的恐惧已经远远超过了对于撒谎的羞愧感。因而，他才两害相较取其轻，最终依然决定瞒天过海。如果爸爸、妈妈对于明明能够表现出尊重和理解，遇到问题的时候能够与明明和平解决，也许这样的闹剧就不会上演了。

有意识的撒谎，和张口就来无意识的撒谎不同。有意识的撒谎是有预谋的，因而总是要承受巨大的心理压力，还要时刻担心谎言败露之后怎么办。因而，当一个人选择有预谋的撒谎时，一定是有着什么难言之隐。尤其是对于孩子来说，其实他们也并不愿意撒谎，只是迫不得已。要想避免撒谎，我们就要寻根溯源，只要找到导致他人撒谎的根本原因，我们才能尽量从根本上解决问题，有效制止撒谎的现象愈演愈烈。

心理课堂

凡事有因才有果，撒谎也是如此。不管什么时候，作为父母，在发现孩子撒谎之后，千万不要一味地批评训斥，而要深入了解孩子的心理，这样才能体察和理解孩子，帮助孩子学会勇敢地面对问题和正确地处理问题。在任何情况下，撒谎都只是一种逃避，而绝不是面对问题的勇者所为，更不是彻底解决问题的好办法。

第13章

歇斯底里型人格：无须害怕那些既定的规律

和强迫型人格者的性格特征截然不同，歇斯底里型人格者从不希望自己万众瞩目。他们只想特立独行，做自己想做的事情，而且不断追求新鲜和刺激，生活对于他们而言，就是内心的召唤，而根本无须接受外界的约束。他们向来是突破传统的先锋，他们不愿意被他人操控和掌握，他们喜欢人生的不确定性和充满魅惑的未知。他们，就是天空中自由翱翔的精灵。

人生需要彻底奔放，拒绝约束的歇斯底里型人格

对于歇斯底里型人格者而言，世界就在于他们的内心。他们总是无比期盼命运的转折和巨变，因为他们需要生活的不断刺激，才能感受到活着的强大力量。他们很少受到道德和规矩的制约，因为他们坚信内心的呼唤才是生命最本质的归属。他们很喜欢接受新鲜事物，如果你认真研究过那些走在电子产品更新换代前列的人们，就会发现他们之中的大多数都是歇斯底里型人格者。他们总是不断地淘汰旧的，更换新的，因为他们喜欢打开不同的人生之页。对于歇斯底里型人格者而言，他们也很喜欢结交更多的新朋友，从而在与朋友们相处的过程中，不断提升自己、完善自己。

当然，歇斯底里型人格还细分为很多不同的类型，其中有一种尤其害怕受到约束、害怕一成不变。从这个角度来说，这种类型的歇斯底里型人格者，和强迫型人格者是完全相反的。

歇斯底里型人格者从不喜欢被约束，对他们而言，人就应该像小鸟一样自由自在地翱翔。他们之中的大多数人都崇尚自由，主张活在当下。在他们心中，未来是完全不确定的，也因此每个人都应该好好地享受当下，尽情地活好每一天，不要瞻前顾后给生命带来更多的束缚。他们崇尚及时行乐，不愿意为了很久之后的事情让现在的自己变得畏缩不前。他们很少计划未来，因为未来对于他们而言，如果早已预知和提前计划好了，也就失去了一切的吸引力。他们很喜欢反其道而行，对于他人给他们安排好的

生活，必然采取坚决反对的态度。因为以上种种表现，使歇斯底里型人格者对于诱惑总是无法抗拒，他们很容易对诱惑俯首称臣，又因为心中的躁动而无法自制。

在《平凡的世界》中，面临毕业的郝红梅，眼看着同学之间互相赠送纪念品，互相写留言册表示祝福和鼓励，而她却因为家境贫穷，根本买不起昂贵的手帕。当时，她正与班长顾养民在谈恋爱，而且顾养民家境殷实，与她根本不在一个生活层面上。为了保护自己可怜的自尊，她在代销店徘徊，心中突然涌起难以抑制的冲动，最终选择偷窃手帕。她不知道，自己的一举一动都被代销店的负责人看在眼中，最终，她不光彩的行为被抓个正着，她的人生也因此而改变。在那个年代，偷窃是个非常不光彩的行为，能够断定一个人的品行是否端正。可想而知，郝红梅为了这个冲动的行为付出了多么惨重的代价。

直到好几年以后，已经成为寡妇的郝红梅遇到了润生，才对于自己当日的行为表示出懊悔。她哭着说："我不就是偷了几块手帕嘛，我根本没想到后果会这么严重，难道就要让我用一辈子去赎罪吗？"

当时正面临毕业的郝红梅，既要顾忌自己在顾养民面前的面子，又想和其他同学一样互赠小礼物，因而已经处于歇斯底里的边缘。她当时天真地认为没有人会发现她偷手帕的事情，以为一切都能如愿以偿人、不知鬼不觉地进行下去。殊不知，有双犀利的眼睛早就盯上了她。郝红梅也属于歇斯底里型人格，只不过她的歇斯底里是被逼出来的。因为这件事情的恶劣影响，后来的郝红梅变得更加务实，也为此付出了惨重的代价。可以说她的歇斯底里和她的虚荣有着密不可分的关系，是暂时性的。

在冲动的那一刻，歇斯底里型人格者就像鬼迷心窍一样，欲望迅速膨胀，大有不得到满足誓不罢休的架势。那一时、那一刻，他们的心智似乎被蒙蔽，根本无法准确地审视和反思自身。他们所谓的急中生智的好办法，无非是让他们越陷越深的泥沼，也是让他们的罪恶感消失的借口。在这种情况下，歇斯底里型人格者很难顾忌道德的约束和法律的威严。所以，现实生活中有很多歇斯底里型人格者容易犯错误。他们不计后果的冲动，也使他们犯罪的概率更高。

心理课堂

很多歇斯底里型人格者都主张活在当下，他们既没有对过去的反思和回味，也不会对未来进行合理的规划和展望。他们似乎只拥有今天，也以活好今天作为自己人生的终极目标。生活，永远始于今天也止于今天。在这种思想的影响下，歇斯底里型人格者的心中几乎毫无负累，能够轻轻松松地面对一切，也因此对他人和社会缺乏责任感。

爱情就像飞蛾扑火，却有着童年时的根

和忧郁型人格者对待爱情的审慎态度不同，歇斯底里型人格者之所以热衷于谈情说爱，更大程度上是因为他希望提升自我，希望得到爱人的崇拜和仰视。如果说强迫型人格者追求爱情的永恒，歇斯底里型人格者则更希望拥有轰轰烈烈的爱情，哪怕是飞蛾扑火，也在所不惜。他们还是天生的情种，渴望征服一切仰慕他们的女人。世俗的眼光和约束在歇斯底里型人格者心目中根本无关紧要，因为他们只关注自己的内心，只关注自己的感受，只想要拥有惊天动地的爱情。他们总是无限抬高自我，恨不得把自己变成神一样的威武高大。他们常常自我吹嘘，只为了感染别人，渲染气氛。他们从不懂得把握爱情的节奏，而是不顾一切地去爱，哪怕毁灭也在所不惜。爱情在他们心中，是可以无限延伸和放大的，是永无止境的深沉而又灼热的感情，具有无所不能的神奇力量。

歇斯底里型人格者非常喜欢夸张和渲染，他们刚开始时还知道自己是夸大其词，渐渐地就不再有自知之明，而是自欺欺人，对于自己所有的夸张行为都深信不疑。他们企图借助于爱情的力量飞入云霄，他们非常善于调情，总是能够以各种出人预料的方式调动爱人的情绪，让爱人变得和他一样冲动和投入。在爱情方面，歇斯底里型人格者也是高手，轻而易举就能让伴侣觉得他们是值得深爱的。总而言之，歇斯底里型人格者是非常善于营造爱情气氛的，但是在长久性方面却很弱。

从深层次的心理角度进行分析，歇斯底里型人格者爱的是恋爱本身，而非爱人。在他们心目中，爱人排在恋爱的后面。由于强烈的好奇心，他们迫不及待地想要一探爱情的究竟，这也是他们对于爱情如此迫切的原因。然而，我们不得不遗憾的说，他们作为情人是很合适的，但是如果作为人生的伴侣，未免充满太多的不确定性，往往很难把控。其实，歇斯底里型人格者对于爱情的态度和处理爱情的方式，并非完全天生。曾经有心理学家经过研究后发现，父母的爱恋关系，往往也会对他们产生潜移默化的影响。诸如，如果父母之间的爱情关系甜蜜幸福而又和谐，那么孩子未来对于爱人的态度也必然如此。相反，如果父母之间的爱情关系恶劣，充斥着怀疑和否定，那么孩子将来对待爱人的态度也不会太理想。尤其是那些对于父亲或者母亲感到失望的孩子，长大之后也会把这种失望感转移到异性身上。对此，曾经有心理学家说，“只有爱上生命中第一位异性，即父亲或者母亲的孩子，将来才能更好地处理与异性之间的关系”。

彤彤很厌恶男性，这一点在她读大学期间就表现出来了。当时，很多女生都开始谈恋爱了，即使暂时没有男朋友的女生也对爱情充满了憧憬，但是彤彤却不然。对于那些沉浸在爱河中的好同学、好闺蜜，她总是不屑一顾地说：“哼，男人没有一个是好东西，看着吧，将来总有你后悔的那一天！”就这样，彤彤在读大学期间从未谈过恋爱，即使毕业好几年了，眼看着那些好姐妹都走入了婚姻的殿堂，她也依然没有动恋爱的心思。她似乎对男人有了免疫力，即使非常优秀的男性在她面前，她也毫不心动。

眼看着女儿快要30岁了，彤彤的妈妈心急如焚。有一次，她妈妈实在按捺不住，特意跑到彤彤工作的城市，让彤彤去找心理医生看看，为什么对异性如此排斥和抗拒！拗不过妈妈，彤彤只好来到心理诊所。在心理医生的催眠下，彤彤回忆起小时候酗酒的爸爸喝醉之后殴打妈妈的情形，她陷入极度的恐慌之中。真相就此揭开，原来彤彤是因为潜意识里始终记得爸爸对妈妈的虐待，更没有忘记因为爸爸酗酒导致家中的鸡犬不宁，所以她才如此排斥和抗拒异性。正是因为对于童年记忆的恐惧，她选择从不恋爱，也不想接受任何异性。最终，在心理医生的不断疏导下，彤彤渐渐意识到恋爱是两性之间非常美好的事情，而且并非所有的男性都会像她爸爸那样酗酒，对家庭没有责任感。最终，彤彤开始尝试着接受身边优秀的男性，先从朋友做起慢慢加深了解。在感受到爱情的美好之后，她终于能够接受男性的追求了。

对于彤彤而言，她爸爸曾经对于家庭和妈妈的伤害，给她心中留下了难以磨灭的阴影。虽然她很想像正常人一样恋爱，但是心中却对男性有着深深的抵触和抗拒。幸好她妈妈及时发现了彤彤的异常表现，让她去看心理医生，接受心理治疗。这样，童年的阴影终于在彤彤心中消散，也使她能够抓住青春的尾巴，享受美好的爱情。

很多人都会受到童年时期不愉快的生活经历的影响，虽然他们并没有明确意识到这一点，却并不能改变这种影响切实存在的事实。很多情况下，小时候受到的亏待也会在成人之后投射到他人身上，或者是所欠缺的感情，成人之后也会在潜意识的支配下想要去弥补。因而作为父母，一定要重视对孩子幼年时期的教养，这样才能避免孩子因为童年时期的欠缺导致成长和人生的道路受到严重影响。

心理课堂

两个轻微歇斯底里型人格者结合在一起，尚且能够勉强融洽地相处。如果是在竞技场上相遇，则一定会互不相让。为了凸显和表现自己，有些歇斯底里型人格者甚至会故意寻找不如自己的人作为伴侣，以衬托自己的美好和优秀。就像一个寓言故事里说的那样，一只孔雀要与一只丑陋的母鸡结婚，原因就是他想以母鸡的丑陋衬托自己的美好，让母鸡和自己一样深深地爱着自己。

与其被动等待，不如主动出击

很多犯罪行为都不是有预谋的，而是在冲动之下做出来的，偏偏歇斯底里型人格者容易冲动，甚至在冲动时会完全失去理智，再也不愿意左思右想，一味地要寻求发泄。冲动型犯罪中，很多罪犯都是歇斯底里型人格者。

歇斯底里型人格者不但易冲动犯罪，其实他们的自我保护欲也是很强的。为了更好地起到防御作用，他们甚至矫枉过正，采取先下手为强的方式先发制人。人的本性就是喜欢获胜的。孩子4~6岁时，这种特殊的侵略模式就开始形成。尤其是男孩子，往往表现出对对抗与竞争的强烈兴趣。对于他们而言，这两种模式就像成长的印记，永远难以磨灭，会跟随着他们不断地成长，更加深刻地根植于他们的内心。相比之下，歇斯底里型人格者对于比赛更加热衷，因为他们希望通过比赛的方式证明自己的能力，也帮助自己得到更多的荣誉、赞许和认可。要知道，歇斯底里型人格者可是非常爱慕虚荣的，他们不能容忍被忽视，被轻视，被蔑视。

前文说过，强迫型人格者也是有侵略性的。其不同在于，歇斯底里型人格者的侵略性表现得更加随意，看起来灵活机动，具有很大的随机性。他们的侵略性行为往往随时都会做出来的，而且很快就会被他们抛之脑后。这与强迫型人格者有预谋的侵略表现得截然不同。凡事有利必有弊，他们的这种随心所欲，导致他们的很多侵略行为是对人不对事，因为缺乏理智的思考，也往往口不择言，给人带来极大的伤害。

自从结婚之后，林强已经记不清这是第几次和老婆小雅吵架了。每次只要稍微有一点儿不愉快，小雅总是先发制人，马上歇斯底里地把所有自从认识林强以来他做错或者她认为做错的事情整个数落他一遍，林强简直难以理解小雅的记性为什么这么好！

就像昨天晚上，林强因为有个急诊耽误了，忘记了是与小雅的结婚纪念日。结果小雅就不依不饶，不停地训斥林强，说他自从结婚之后就像变了一个人，是彻头彻尾的伪君子，是虚伪的人，还说林强结婚前对她百般体贴和关照都是装出来的，根本不真诚。说来说去，小雅越说越生气，居然使矛盾升级，和林强动起手来。林强也很委屈，他是一名医生，有急诊的情况下当然不可能按时下班，否则就是对患者的不负责任，医院领导也不允许这样的情况发生。他又不是在外面鬼混才晚回家，忘记结婚纪念日的。当小雅把矛盾升级之后，林强终于忍无可忍，也爆发出来了：“你呀，就像是个三岁的小女孩儿，总是那么任性，无中生有。难道我不知道下班早点儿回家休息吗？难道我愿意连轴转十几个小时不下手术台吗？如果你接受不了我的职业，也就是不能接受我，我也没办法。”在林强说出这番话之后，小雅一气之下回了娘家。

妈妈得知小雅和林强吵架的原因之后，当即把小雅说了一通：“你呀，你呀，从孩子起就很任性。你想想，林强是名医生，怎么可能丢下工作来陪你过结婚纪念日呢？！是人命关天重要，还是你的小资情调重要！你要继续这样任性胡闹下去，林强就算是好脾气，估计也忍不了你多久了。而且，吵架的时候不要把陈芝麻烂谷子的事情都翻出来，让矛盾升级有什么好呢？！”妈妈的话让小雅陷入沉思，虽然她依然愤愤不平，但是终于能够静下心来进行自我反思了。

小雅的性格是典型的歇斯底里型。她平日里看起来很温柔，但是一旦遇到问题，马上就会表现出很大的不满。而且，她会采取先发制人的方式，抢先发动攻击，根本不给林强解释的机会。对于她这种咄咄逼人的做法，也许林强能够忍得了一时，最终却会因为无法忍耐而爆发。这就是歇斯底里型人格者的侵略性和攻击性。如果你是一名歇斯底里型人格者，那么一定要在冷静理智的时候进行自我反思，帮助自己尽量保持理智，减少冲动。

尤其是在家庭生活中，很多争吵都是由繁琐的小事引起的。如果能够相互都退让一步，就能大事化小，小事化了。相反，如果经常因为无关紧要的小事吵架，感情就会渐渐变得淡薄，甚至导致感情破裂，由此引起的后果非常严重。

心理课堂

对于歇斯底里型人格者而言，与其被动等待，不如主动出击。然而，现代社会中人际关系被提升到较高的高度，与其给自己树立一个敌人，不如给自己结交一个朋友。在这种情况下，作为歇斯底里型人格者，也应该常常进行自我反思，千万不要处处得理不饶人，或者先发制人。其实，生活中还是善良和友好的人占多数，只要你能够更加友善，相信也会收获更多的友谊。

当家庭不温馨，孩子歇斯底里型的人格概率增大

在很多家庭生活中，都有歇斯底里型人格者的存在。有的时候是男人强权，有的时候则是女人表现得歇斯底里，让整个家庭都被笼罩在阴影之中。在这种家庭里成长的孩子有很多都是不成器的，这到底是为什么呢？归根结底，因为歇斯底里型人格者导致的强权家庭，给孩子留下了更多的心理阴影，也使他们在面对自己的时候缺乏自信，在面对外界的时候缺乏包容和友善。

正常情况下，人的心理会遵循健康的轨迹发展。当外力变得非常强大，而且是扭曲的外力，人的心理就会脱离既定的轨道，导致异常的出现。其实，人的天生就是崇尚自由，几乎很少有人从一生下来就是忧郁型人格。偏偏很多不健康的家庭环境扭曲了孩子的天性，限制了孩子的自由成长和发展，最终导致孩子长大成人之后表现出完全不同的性格特征。

自古以来，人们就讲究阴阳调和，遗憾的是，现在的很多家庭都是阴阳失调的。原本应该代表男性阳刚之气的父亲很怕老婆，反而母亲成为家庭里强权的象征。这样的阴阳失调，必然导致整个家庭氛围都发生变异，导致孩子在成长的过程中没有正确的性别对象可以模仿，最终男孩儿性格内向，女孩儿性格阳刚，颐指气使。这对于孩子的成长会产生极大的反面作用，也会导致孩子形成歇斯底里型的人格特征。心理学家曾经经过研究发现，不管是男孩儿还是女孩儿，他们长大之后能否与异性友好和谐地相处，其实就取决于他们是否从父母的身上得到了榜样的作用。

在萌萌家里，一切事情都是妈妈说了算。爸爸是个看起来非常腼腆也很内向害羞的男人。因而，妈妈始终承担男人的角色，代替爸爸支撑着整个家庭。有的时候，萌萌简直觉得爸爸和妈妈错位了，要是爸爸变成妈妈，妈妈变成爸爸，也许会更好一些。

随着年龄渐渐增长，萌萌也到了谈婚论嫁的年纪。然而，她接连处了好几个男朋友都吹了，因为大家在相处一段时间之后就会发现萌萌其实是个男孩儿，根本不适合当女孩儿。比如约会的时候，萌萌总是表现出女权主义，吃什么、喝什么全部要由她说了算。而且萌萌还是个大嗓门，有一次一个男朋友请萌萌吃西餐，萌萌的大嗓门简直得到了整间餐厅人们的瞩目。还有，萌萌从来也不害怕那些让人恐惧的宠物，诸如蜥蜴，黄金蟒等。有一次，萌萌跟随其一位前男友一起去他的朋友家做客，拿着黄金蟒就缠绕在自己的脖子上，简直把她的前男友吓得浑身冒汗。对于这样彪悍的女朋友，他很快就敬而远之了。其实这些都还不算是大问题，大家最不能容忍的就是萌萌对于男性的蔑视。她动不动就说："你们男人……"如此带着鄙夷的话，让每个人想亲近萌萌的男人，都觉得刺耳。

眼看着萌萌已经快30岁了，却还是孑然一身，她妈妈不由得着急起来。面对妈妈的催促，萌萌埋怨她说："还不是都怪你，要不是你从来都颐指气使地对爸爸，我也不会瞧不起那些男人啊！谁愿意像爸爸一辈子被你管教这样，一辈子被我管教着，我看我还是当个女光棍吧！"

在这个事例中，萌萌因为从小在她家庭里耳濡目染，因而也养成了对男性颐指气使的坏习惯。为此，她直到到了谈婚论嫁的年纪，还是改不掉这个坏毛病，眼看着身边的同龄人都有了卿卿我我的对象也只得孤身一人。

其实，萌萌的性格表现出非常明显的歇斯底里型人格。这一则是因为受到歇斯底里型妈妈言传身教的影响，二则也是因为其家庭环境阴阳失调的负面作用。

心理课堂

在婚姻生活中，没有任何男性愿意被歇斯底里型人格者的妻子长期压

制。因而，如果你是一个歇斯底里性人格者，就一定要多多反省自身，尽量努力地改变自己。唯有如此，你才能协调好家庭关系，也不再是那个让人望而生畏的妻子。这样不但有利于你们的夫妻关系，对于孩子的成长也是很有好处的。其实家庭生活并不一定要有强势和弱势之分，男性和女性都应该扮演好自己的性别角色，给孩子正面的引导。如果遇到大的事情需要解决，则可以经过协商的方式获得一致，这样的家庭关系对于孩子良好性格的养成也是很有帮助的。

歇斯底里型人格者并非像你所看到的那样无所畏惧

虽然从表面上看起来，歇斯底里型人格者非常强大，无所畏惧。但是实际上，他们的内心深处有着深深的恐惧。歇斯底里型人格者到底在害怕什么呢？他们害怕长大，尤其是年轻貌美的女性，最害怕光阴的流逝；他们害怕失败，很多人都把追求成功作为自己一生的目标，但是成功并不总是如约而至，能让人如愿以偿；他们害怕失去某种关系，因为只有在这样的关系里，他们才能更加悠闲舒适，才能避免受到伤害；他们害怕被否定，总是无限渴望得到他人的认可和肯定，还有赞许和欣赏……总而言之，歇斯底里型人格者并非你所看到的那样勇敢坚强，他们实际上内心深处有着深深的、不为人知的恐惧。

曾经有个女孩儿，她是独生女，从小就在爸爸妈妈的无限宠爱和呵护中长大。尤其是她妈妈，因为她爸爸常年在外工作，只有节假日才能回家，因而她妈妈把所有的时间和精力全都放在了女儿身上，简直是捧在手里怕摔了，含在嘴里怕化了。当然，她也对女儿寄予了深切的厚望。在培养女儿从名牌大学顺利毕业之后，妈妈终于松了口气。不过，马上又有新的问题等着她。原来，女儿该谈恋爱了。

妈妈对女儿提出了很多要求，诸如一定要找学历不低于自己的，一定要找高大英俊的，一定要与有经济基础的男士往来，一定要问问对方家里的父母是否有生活保障，一定要有房有车……这么多的要求，从小就很听妈妈话的女儿全都用心记下来，直到35岁，她还是没有找到完全符合条件的男性。其实她妈妈很清楚问题出在哪里，因为如此优秀的男性早就被抢光了，或者可能根本不存在，让女儿去哪里找呢？！眼看着女儿青春不再，妈妈终于妥协了，让女儿和一个老实本分的教师结了婚。不承想，结婚之后，女儿却几乎每天都待在娘家，只有晚上睡觉时，才会回到自己家里。她根本不管新婚的丈夫是否有饭吃，只顾着自己一个人在娘家吃得很开心。随着她丈夫的意见越来越大，她即使勉强回家做饭，也是难以下咽。后来，随着生活的小摩擦不断出现，她与丈夫经常争吵，也就有了更多的理由回娘家。妈妈对于女儿的到来表示欢迎，毕竟她把一辈子的心血都付出在女儿身上，也很难接受女儿一下子出嫁，家里变得空落落的。后来，得知女婿和女儿争吵，妈妈居然不假思索地开始在女儿面前说女婿的坏话。渐渐地，女儿也对她丈夫越来越不满意。虽然如此，已经走向不惑之年的女儿还是不想离婚，毕竟也没有更好的男人等着她啊！但是婚姻是双向的，很快，她的丈夫问她提出了离婚，并且态度坚决，绝无回转的余地。她丈夫的理由很明确：我不能和一个还未断奶的婴儿过一辈子！

在这个事例中，妈妈和女儿其实都很害怕。妈妈害怕家里没有女儿的日子，女儿则害怕独自面对生活。一个是喜欢被依靠和依赖，一个是很愿意继续依靠和依赖。就这样，母女俩一拍即合，再也不管新婚的女婿和丈夫，就像相依为命的母女俩一样，简直一分钟也不愿分开。

尽管她们的心中和口中都牢骚满腹，她们却未必意识到心底里深深的恐惧。正是因为这份恐惧的存在，才让她们如同面对生离死别一样紧紧相依，不愿意分开片刻。事例中的女儿正如提出离婚的丈夫所说的那样，就是个还未断奶的婴儿。她是那么依赖自己的妈妈，这与她妈妈从小对她无微不至的照顾是分不开的。其实，这样的抚育对于孩子而言就像是一场灾难，很多孩子虽然早就断奶了，却始终无法在精神上获得独立，也就无法成为一个真正生命的个体面对世界。

心理课堂

歇斯底里型人格者，总有自己害怕和恐惧的东西。或者是分离，或者是面对，或者是误解，或者是否定。他们的心理其实非常脆弱，看起来专横跋扈，其实是以伪装的坚强来给自己鼓劲。在这种情况下，作为歇斯底里型人格者，既要摆正自己的心态，端正自己的态度，勇敢地面对生活，也要学会自我反思，不要成为地地道道的纸老虎。

谎言铸就的世界里，歇斯底里型人格者是主角

歇斯底里型人格者很爱撒谎，甚至可以说，撒谎是歇斯底里型人格者的行为模式之一。这主要是因为歇斯底里型人格者不愿意付出实实在在的努力，相比起来真刀实枪地干，他们更愿意做着不费吹灰之力的白日梦，让自己在梦中获得暂时的满足感。让人感到啼笑皆非的是，歇斯底里型人格者虽然追求改变和创新，却不愿意承担繁重的任务。他们尤其喜欢撒谎，甚至常常误以为自己的谎言是真实的，他们乐此不疲的在自己的谎言中充当主角，自己既是演员，又是忠实的观众。

最近，乔乔快要崩溃了，因为她刚刚知道公婆辛苦积攒了一辈子的10万元钱被骗子骗走了。原来，前段时间公婆去县城办事时，看到很多人围在一起，过去看后才知道，原来是在卖防治癌症的药。骗子自称是医

术高明的专家，而且还说连美国总统都在吃这种药防癌抗癌。后来，婆婆就问骗子："你能帮我看看吗？我最近总是觉得头昏脑涨，而且觉得特别累。"骗子马上见缝插针地说："感到疲劳可不好。看您年纪也不大，大概也就50岁吧，按说正当年，怎么可能感觉累呢？！"婆婆听到骗子这么说，感到很紧张，骗子继续说："很多癌症病人就是从疲劳开始的，你还是赶紧吃药吧，趁着现在病还没发起来，吃药效果好。否则真的等到得了癌症，只怕花费几倍的钱也治不好病！"婆婆马上害怕地说："这样啊，那我得吃什么药呢？"公公一听说婆婆要得癌症了，也很紧张，当即表态："不管花多少钱，我们都要把病治好。求求你，赶紧给我们开药吧！"骗子的心里一定乐开了花，但是他却佯装为难地说："我这次来只带了5万元的药，只够你吃三个月。一个疗程是六个月，下次你再想要，就得邮寄了。"就这样，公公婆婆当即回家取钱，给骗子双手奉上了5万元钱。

事后很久，公公才不经意地跟儿子张坤说起了这件事，张坤急得连忙拍腿，说："哎呀，你们肯定是遇到骗子了。医院都治不好的病，江湖游医怎么可能治好嘛！况且，妈妈也没得癌症啊！"婆婆赶紧解释："专家说了，真得癌症了花了钱也未必能治好，这个病重在预防。而且，我的身体已经开始报警了。"张坤很久都不敢告诉乔乔这件事，虽然钱是父母的，但是知道了肯定会心疼。不承想，一个多月后，公公婆婆却来找乔乔借钱，说："乔乔，我们买了一种吃了不得癌症的药。现在我们马上要买下半个疗程的药，但是手里还差点儿钱。你看，你能不能先给我们拿2万元，等有了钱我们就还你。"乔乔问清事情的来龙去脉后，简直气得肝疼。看到乔乔的反应，公婆有些尴尬地说："没关系，你要是不想借钱，我们就再去想想别的办法。"尽管乔乔再三解释，公婆就是不肯听、也不信她的话，他们坚持认为只要吃了这个药，就不会得癌症，就不会给孩子们添负担。在乔乔坚持不借钱的情况下，他们最终还是从其他地方借了钱，又买了下半个疗程的药。

在这个事例中，乔乔的公婆就是典型的歇斯底里型人格者。他们看起来老当益壮，实际上心里很怕老，也很怕生病之后给孩子添麻烦，或者没人管。为此，在得知有种美国总统都在吃的药能够预防癌症之后，他们几乎毫不犹豫地就拿出了所有的积蓄，购买了这种世界上根本不存在的灵丹妙药。尤其是在儿子和媳妇都告诉他们肯定是上当受骗了之后，他们心中依然有着执念，最终想方设法地凑够了钱，了却了心愿。

对于这样的老人，即便有再多的人告诉他们这是骗局，他们也是不愿意相信的。他们坚定不移地相信自己的判断力，因而并不为这被白白骗了的10万元钱心疼。既然吃了这药就不得癌症，肯定还是值得的，毕竟治疗癌症不但人受罪，10万元钱也远远不够啊！在他们心里，觉得这是一种以小博大的行为，因而暗自窃喜。

这就像是一出闹剧，因为相信，乔乔的公婆变成了闹剧的主演。也因为固执，他们不愿意承认自己的错误，也不愿意改变，而是坚定不移地当自己的主角。生活中，这样的歇斯底里型人格者并不罕见。如果你身边有这样的人，而且也面临被骗的结局，那么你必须好好开动脑筋，才能劝说并且阻止他们。

心理课堂

歇斯底里型人格者很少愿意承认自己的错误。他们相对而言显得幼稚，而且责任感很差，做事情喜欢随心所欲，对待生活也较少规划。他们很喜欢走捷径，总是喜欢不费吹灰之力就能得到更多的收获，恰恰是这种想法让他们容易轻信陌生人的话。

变幻莫测的情绪，让人感受冰火两重天

歇斯底里型人格者看起来非常热情，他们照顾别人时无微不至、细腻周到，这让他们看起来近乎完美，也容易得到别人的赞许和好口碑。但是实际上，他们的热情只是暂时的，很多时候他们的情绪就像孩子的脸一样，总是说变就变。诸如，前一刻他们的脸上还春风洋溢，后一刻他们的脸上马上晴转多云，甚至电闪雷鸣。如果由他们来担任孩子的老师或者父母，则很容易给孩子造成错觉。前一刻孩子还在庆幸自己拥有好老师、好父母，后一刻却又因为他们的歇斯底里而感到悲戚。长此以往，孩子必然产生严重的不安全感，因为他们不知道成人何时会高兴，何时会生气，因而也就无法判断事情的发展趋势，导致内心惶惑不安。

拥有歇斯底里型人格的父母在愧对孩子时，还很喜欢以不负责任的许诺搪塞孩子。例如，他们总是说："如果你考第一名，我就……""如果你这次不要玩具，等你过生日，我就给你买个手表……""如果你很听话，我就……"在这样空洞的、永无兑现之日的承诺中，孩子渐渐习惯了谎言，也知道了如果放弃一件东西就能换取什么，还渐渐意识到很多事情都是可以讨价还价的，这样的教育方式对孩子的成长极为不利。

在很多歇斯底里型人格者的心中，孩子就像是他们的玩具，喜欢的时候就可以拿在手里把玩，不喜欢的时候则可以一把推开。很多孩子会感到绝望，因为他们觉得自己被遗弃。同时，拥有歇斯底里型人格的父母还很排斥接受孩子的建议或者意见。他们始终觉得自己是家里的权威，他们自以为给孩子安排好的一切都是孩子最好的选择，其实不然。他们还常常以自己的付出来制约孩子，让孩子心甘情愿地听从他们的调遣。不得不说，孩子被他们绑架了，失去了生命的自由。他们还常常让年纪很小的孩子就承担起沉重的梦想，成为他们梦想的继承者，或者是家族荣耀的背负者。

记得在一部电视剧中曾经听一位爷爷说过，“每个孩子都向着生命的自由而来，他们虽然从呱呱坠地开始就依靠着父母，但是他们并不是父母的私有财产，父母也无权控制他们的人生”。即便孩子的发展不能满足父母的心愿，父母也完全没有理由抱怨或者责怪孩子，因为任何孩子都只需要对自己的人生负责。

就在刚刚洗澡时，妈妈和乐乐的关系还非常亲密。妈妈问乐乐：“如果在漫无边际的沙漠里只剩下一块饼干，怎么办？”乐乐不知所措，反问妈妈：“对啊，怎么办呢？”妈妈说：“那就给你和爸爸吃，因为爸爸身强力壮，能够带着你一起走出沙漠。”乐乐的眼泪突然就流出来了，他说：“不，妈妈，咱们一家三口一起吃。”妈妈感动极了，为自己有这样一个好儿子而感到骄傲。

然而，半个小时之后，因为乐乐不小心洒了一杯巧克力奶，弄脏了妈妈刚刚辛辛苦苦拖干净的地板，因而妈妈的脸马上晴转多云，多云转阴，最后居然变得“电闪雷鸣”。看着又喊又叫的妈妈，乐乐简直觉得难以置信：这还是我的妈妈吗？这是刚才说要把最后一块饼干留给我和爸爸吃的妈妈吗？妈妈发泄完之后，心中觉得很愧疚，看着躺在被窝里准备睡觉的乐乐，她赶紧俯下身去，温柔地对乐乐说：“宝贝，晚安！”但他妈妈没有注意到的是，乐乐的眼睛里充满了困惑。

在这个事例中，乐乐的妈妈就是典型的歇斯底里型人格者。她先是对乐乐非常耐心温柔，并且在得知乐乐对于问题的回答之后万分感动，恨不得把乐乐抱在怀里狠狠地亲一亲。然而，刚刚过去半个小时，当看到乐乐弄脏了她辛辛苦苦拖干净的地板后，她马上就大发雷霆了，冲动地对着乐乐又喊又叫。对于这样的突然改变，小小的乐乐未免觉得有些无所适从，毕竟他并不是故意要惹妈妈生气，也很不想把巧克力奶洒到地板上。后来，等到妈妈自己发泄完后就又对着即将入睡的乐乐好言好语，乐乐简直觉得难以理解。的确，他是很难理解妈妈为何在短短的时间里接连变脸，但是有一点是肯定的，即乐乐心中肯定会因此而缺乏安全感，甚至对于他妈妈产生不好的印象。

心理课堂

歇斯底里型人格者会在短短的时间里接连改变情绪和表情，甚至表现得判若两人。这就是他们冰火两重天的情绪，往往使与他们交往的人很难适应，也感到难以接受。试想，当一个人前一秒还在对着你笑，后一秒却怒吼不已，让你马上从他眼前消失，你会是怎样的感受？你一定恨极了这个你前一秒还在爱着的人，恨不得自己从不认识他，也与他没有任何瓜葛。与此同时，你也会觉得非常痛苦，毕竟你接下来该如何与他相处，你甚至无法预判他的反复无常。这样的不统一和骤变，是最让人困惑和难以接受的。

第14章

所有变态行为和怪癖，都是因为“行为成瘾”

在这个世界上，绝没有两个完全相同的人。正因为每个人的脾气秉性和兴趣爱好都各不相同，所以他们的兴趣也往往千差万别。当一个人对于爱好的追求到达了成瘾的地步，这份兴趣爱好就会成为癖好。如果这份兴趣爱好与众不同，甚至有些让人瞠目结舌，那么这个癖好就会成为怪癖。生活中有很多人都有怪癖，对于不影响他人的怪癖，尚且可以独自保留。而一旦某种怪癖影响到他人的生活，就会使人无法容忍。在这种情况下，怪癖就是应该加以控制甚至是治疗的。

为什么有人那么喜欢偷窥他人的隐私

从2011年开始，“控”这个词语开始流行于网络，并且很快在现实生活中也盛行起来。所谓控，在英语中是情节的意思，意为人们无法控制自我地喜欢某件东西。当控的领域从具体的物质转移到行为上，就称其为癖。生活中，人们的兴趣爱好总是五花八门，甚至有些兴趣爱好根本不符合寻常的社会行为规范，这样的癖好被称为怪癖。怪癖的种类多种多样，例如男人喜欢穿裙子，穿高跟鞋；有些人特别喜欢窥探别人的隐私，并且以此为乐；还有些心理变态者总是喜欢虐杀小动物；还有的人喜欢吃钢铁，虽然可能是因为体内缺少某种元素导致的，但是也可归为癖好的一种……总而言之，大千世界无奇不有，很多人都有不为人知的怪癖。如果这种怪癖没有影响到他人的生活，原本也无可厚非。但是偏偏有些怪癖影响到他人的安全，这样的怪癖就会遭到众人的指责，甚至受到法律的制裁。

现代社会，很多年轻人都喜欢追星，也因而诞生了记者群体中一个独特群体，即狗仔队。不得不说，狗仔队其实是带着些贬义的，因为他们总是在以偷窥的方式探查明星的私生活，从而拿来娱乐大众。偏偏很多粉丝或者追星的人，都对明星的私生活充满好奇，不得不说，这些追星的人也有偷窥的嫌疑，只不过是因为法不责众，也因为他们的窥探并没有给明星的人身安全带来伤害，所以使他们的行为披上了合情、合理、合法的外衣。

更加危害他人安危的是，性质恶劣、动机卑鄙的偷窥。如今，很多人都乘坐公交车或者挤地铁上班，在这些拥挤的场合，尤其是在夏天穿的衣服比较薄透的情况下，偷窥变得更加常见。为什么这些人都热衷于偷窥呢？其实细心的人会发现，很多年老的猥琐男性喜欢偷窥，是因为他们的很多欲望得不到满足，因而以这种偷窥的方式进行性幻想，最终使自己产生精神上的愉悦和快感。偷窥者不仅仅存在于低层次的人员之中，还有很多生活在社会高层的人，也会产生偷窥心理。众所周知，所谓偷窥就是指偷偷地看，不被当事人察觉，也因如此，偷窥者才有更大的空间进行猥琐的想象。

作为编辑社的主编，张君看起来文质彬彬的，实际上却是个表面道貌岸然者。他和下属琳娜住在同一个小区里，就是前后楼，因为他家的楼层只比琳娜家高出几层，所以窗户几乎相对着。有很长一段时间，琳娜都觉得每当自己在卧室里时，总是人盯着她。琳娜跟老公说了好几次有这样的感觉，但是她老公却没当回事说：“哎呀，人人都那么忙，谁有时间偷窥你！”昨天，琳娜和老公在卧室里拥抱时，这种犹如背上扎了刺的感觉，更加明显了。

琳娜最终决定开始反击，她购买了一个摄像头，悄悄地安装在阳台的一个角上，对着对面楼有可能偷窥她的那几层。果不其然，当琳娜几天之后拿出录像来看时，发现对面楼上有个人从窗户里探出脑袋，用一个望远镜明目张胆地朝着她家的阳台看来。最让琳娜惊讶的是，这个人不是别人，就是她的顶头上司张主编。看到这里，琳娜气愤极了，当即去商场加急做了一副厚重的遮光窗帘，换下了原本悬挂在阳台上的丝质窗帘。

虽然生活中有很多人都喜欢偷窥，但是像事例中张主编这样的偷窥，显然已经危害到了琳娜的安全。因为是上下级的关系，琳娜没有办法直接质问张主编，因而只能采取保护自我的手段避免被偷窥的尴尬。或者，如果偷窥已经严重到影响他人生活的地步，那就只能果断换房。毕竟，没有任何人愿意在别人的监视之下生活。

偷窥癖到底是如何形成的，至今为止，依然没有准确的定论。但是确凿无疑的是，偷窥是一种非常变态的心理和精神方面的疾病，是以满足自己的心理欲望为动机，对于他人隐私的不尊重和窃取。很多新闻都曾报道过，现代社会中偷窥现象越来越严重，甚至有老年男性在租给年轻女孩儿的出租房里安装摄像头。不得不说，这是严重的偷窥癖。作为年轻的女性，我们一定要增强安全防范意识，不管什么时候，都要注意保护自己的隐私。

心理课堂

需要注意的是，偷窥和偷窥癖，是有区别的。有很多青少年因为青春期的冲动和荷尔蒙的作用，也会有偷窥的行为。但是他们的这种行为往往是一时性的，是正常的生理反应。所谓偷窥癖，则程度更加严重。真正的偷窥癖患者，几乎无法控制自己偷窥的欲望，而且会把偷窥作为生活中必须做的事情之一，甚至对其乐此不疲。这种情况下，是完全病态和扭曲的，必须引起足够的重视。

奇奇怪怪的东西真的那么有吸引力吗

大千世界无奇不有，现实生活中，喜欢美食和漂亮衣服的人比比皆是，但是你听说过喜欢门把手的女人，喜欢胸罩的男人，喜欢泥浆的人吗？没错，这些人的确存在，而且对于“物”的癖好，已经达到了病态的程度。在很多严重的怪异行为中，他们却乐此不疲，只因为他们爱上了某种特殊的“物体”，这种爱甚至堪比爱情那么纯粹和炽热。

2015年初，日本出现了“门把少女”。这些年轻漂亮的女孩儿，爱上的居然是门把手。她们或者全心投入地亲吻着门把手，或者满脸爱意地摩挲着门把手，在她们眼中，门把手似乎是她们最亲密也最钟情的爱人，能够给她们的精神带来很大的安慰和快感。作为一个正常人，甚至嫌弃门把手上细菌密布的人，很难理解“门把少女”的这种怪异举动。有心理学家专门对于这样的怪异现象进行过研究，最终发现大多数恋物癖患者其实并非真的爱上了某种物体，而是因为心理扭曲，以这种特殊的物体来唤醒自己的生理冲动和心理快感。例如，有些男人就特别喜欢女人的胸罩，甚至很久以前有个男性因为四处偷窃女性用过的正在晾晒的胸罩，而被以流氓罪论处，锒铛入狱。实际上，胸罩本身并不能给这位男性带来任何生理上的享受，他只是希望通过与其他女性用过的胸罩亲密接触，来唤起自己的性幻想，从而得到满足。这才是恋物癖深层次的心理因素。

作为一个有着体面工作的男人，小松从来不敢承认自己是个恋物癖者。每当与爱人在一起时，他总是贪婪地亲吻着爱人的脚，爱人还以为他这是爱的表达，实际上他只是迷恋女人的袜子。当他亲吻着女人穿过的袜子，马上就会产生性冲动，简直比很多治疗性无能的药物都更管用。

为何小松会对女人穿过的袜子情有独钟呢？原来，小松在青春期时，曾经因为荷尔蒙的作用，偷窥过女人洗澡。当时，他透过锁眼只看到了氤氲的水气和扔在地上的袜子。从此以后，袜子在他心目中就成了性的代名词。有一次，小松在办公室看到有位漂亮的女同事的袜子散落在办公桌下，甚至还趁着大家都去吃午饭的时候，悄悄地拿起来放在鼻子上闻了闻了。因为爱上了袜子，他也对穿过的袜子特有的气味情有独钟。如此爱屋及乌的表现，在恋物癖患者中并不少见。

在这个事例中，小松之所以变成恋物癖，就是因为袜子曾经唤起了他的性幻想，也激发起了他的性冲动。很多人的恋物癖都是因为性倒错，他们把某件特殊的物品与性联系了起来，一旦看到那个物品，就会产生生理上的反应和心理上的冲动愉悦。

需要注意的是，我们并不能因为一个人某一次对某种物品产生冲动，就确定他为恋物癖。要想判断一个人是否真的患了恋物癖，他至少应该在半年里多次以非生命物体唤起自己的性冲动，从中获得满足和愉悦。此外，他的这种病态行为，还会影响他的正常生活，甚至使他某方面的功能产生障碍，或者导致缺失。这样，我们才能有充分的理由判断一个人是否患了恋物癖，也才能以积极的态度帮助其摆脱这种病态，或者协助其进行专业的治疗。

心理课堂

就像在很多动物身上进行的实验那样，对待恋物癖患者，也可以采取条件反射的方式进行治疗。例如，在恋物癖患者再次靠近所“恋”的物品时，对其进行电击治疗，或者采取其他方法使其受到打击。这样一来，他就会渐渐意识到所“恋”之物是与痛苦的感受紧密相连的，从而让身体发生反应，在一段时间的强化之后，当他一看到所“恋”之物，就会感到非常痛苦，最终对其产生排斥。

男人穿裙子未必是一道独特的风景

在《霸王别姬》中，扮演程蝶衣的张国荣娇滴滴哀怨地唱道，“我本是女娇娥，又不是男儿郎”。这句话让观众们至今依然印象深刻，也正是因为成功扮演了程蝶衣的角色，关于张国荣是同性恋的舆论才铺天盖地而来。虽然张国荣长得很弱小，被师傅安排扮演旦角，但是实际上他还是很大男子主义的，非常排斥这样的女性定位。然而，生活就是生活，戏剧就是戏剧，最终张国荣不得不屈服于师傅的安排，从此以旦角的形象出现在一出戏之中。渐渐地，他居然产生了性别错位，根本无法准确界定自己的性别。所谓戏如人生，人生如戏。当戏里戏外都混为一谈时，也难为张国荣无法准确定位自己。

更让张国荣感到恐惧的是，他居然开始迷恋扮演霸王的段小楼，他真正成了霸王的虞姬。为此，他更加热衷于扮演虞姬的角色，因为唯有如此，他才能名正言顺地得到师哥的照顾和爱。直到师哥故意以玩笑话让他回到年少时的纯真，他才如梦初醒，意识到一切已经物是人非。不得不说，张国荣的离去让无数粉丝扼腕叹息。每当出现在戏里，张国荣总是要穿上女人的裙子，戴上女人的华贵饰品。不过，这并非是恋物癖，而是为了演戏的需要。生活中有很多男人也喜欢穿裙子，甚至还有些男人爱穿高跟鞋，这与张国荣女扮男装的初衷完全不同。不是戏子的这些男人们，之所以喜欢穿女人的服饰，就是因为异装癖的驱动。

当然，并非只有男性有异装癖，很多女性也有异装癖。不过，现代社会男女平等，而且有很多服装都是中性的，性别特征没有那么明显，因而当女性穿着男性的服装时，并不会显得那么扎眼。试想，一个女人穿着西装短裤，和一个男人穿着女人的苏格兰花裙，哪个更吸引你的眼球，哪个更让你觉得别扭和难以接受呢？就像因为超女节目脱颖而出的李宇春，当年就是因为一身中性的打扮而出类拔萃，甚至引得很多女孩子都穿起了类似的中性服装，不得不说这是一场时装界的革命和潮流，而并非异装癖。

从本质上说，异装癖也属于恋物癖，只不过异装癖喜欢的并非某一件物品，而是服装。和恋物癖一样，异装癖之所以穿着异性的服饰，从心理学的深层来探究，同样是为了得到性幻想和满足。举个最简单的例子，有些女性喜欢穿着男性又肥又大的衬衫，其实是在想象自己被高大威猛的男性抱在怀中，从而获得精神上的愉悦。男性呢？他们偷偷地穿着女性的裙子，心里一定也在幻想着与异性在一起温柔缠绵，从而获得生理和心理上的满足。当小心谨慎地背着人穿着裙子已经不能满足他们的心理需求时，他们就会不顾一切地穿着裙子走上街头，引来无数人的瞩目。这反而刺激了他们的变态心理，使他们得到更大的满足。

豆豆很小的时候，因为豆豆妈妈想要得到一个女儿，所以在豆豆降临人世之后，他妈妈便把提前准备好的很多小裙子都给豆豆穿上了。直到豆豆三四岁时，他妈妈还固执地给豆豆穿漂亮的白纱裙。渐渐地，豆豆产生了性别错乱，他甚至无法分清楚自己到底是男孩儿还是女孩儿。也因为一直被他妈妈当成女孩儿来养，豆豆变得像女孩儿，他妈妈因此意识到问题的严重性，赶紧丢掉那些裙子，给豆豆换上男孩子的衣服。

在一个炎热的夏天，上海就像一个巨大的蒸笼，恨不得把每个人都蒸熟了。大街上人潮涌动，人群川流不息。小梦处于毕业季，正在找工作，几乎每天都搭乘地铁四处奔波。她从散发着蒸腾热气的候车室，进入凉气十足的地铁，觉得仿佛来到了天堂。那边正好有个空位，她赶紧走过去一屁股坐下来，终于可以休息片刻了。她嘘了口气，开始观察周围的人群。突然间，她发现自己的对面坐着一个很妖艳的女性，让人过目难忘。这位女性穿着超短的迷你裙，腿上是黑丝袜，还穿了一双尖尖的高跟鞋。这个装扮很劲爆，小梦情不自禁地把目光往上转移，突然发现这个女性的脸上脂粉很厚，还有着细密的胡须。这真的是个女人吗？小梦继续观察对方的胸部，发现那完全是个模型。这时，小梦突然意识到其原来是个男人。果不其然，她在他的头上找到了波浪卷的假发。小梦突然间起了一身的鸡皮疙瘩，哎！男人穿裙子招摇过市真的好吗？

第一个事例中，因为妈妈不当的教育方式，导致豆豆从小就习惯了女孩儿的打扮，甚至心理也发生改变，无法分清楚自己是男孩儿还是女孩儿。现实生活中，父母因为自身的喜好而给孩子不当的装饰，导致孩子出现性别错位的事情非常常见，要想从根源上杜绝这种现象的发生，作为父母一定要纠正观念。在第二个事例中，小梦突然见看到一个男扮女装的男人，惊艳之余，不由得产生厌恶的感觉。归根结底，社会的约定俗成对于人们的思想是有深刻影响的。尤其是对于两性之间，社会自有分工，也会有对于两性有不同的要求和标准。

异装癖者往往是有心理问题的人。他们在生活中往往表现得谨小慎微，而且都会按照正常的人生程序成家立业，结婚生子。因而他们隐藏很深，有的时候就连他们的伴侣，也要在婚后经过长期的共同生活之后，才会发现他们的异常。

作为娱乐圈的名人，相信很多人都知道金星。金星在接受变性手术之后，经历了巨大的痛苦，从男性变为女性，甚至还与另外一名成功的男士结婚了。在这里需要注意的是，金星是典型的异性癖，即她不能接受自己原本的男性本质，从根本上就认定自己应该是一名女性。为此，她不但穿着女性性感的裙子，而且还做了多次手术进行变性。相比之下，异装癖则只是喜欢穿异性的衣服，而没有真正想要由身到心地变成异性。这是我们需要认真区分的。

心理课堂

很多人都喜欢戴着有色眼镜去看这些心理和行为上出现异常的人，其实这是完全不应该的。首先，这种态度对于心理异常的人往往会造成很大的伤害，使他们感到更加自卑，失去信心。其次，对于一个身体患有疾病的人，我们应该竭尽所能地关心，其实心理上的疾病也是疾病，并非患者故意为之，因而我们也应该以积极的态度帮助他们摆脱疾病的困扰，千万不要歧视或者排斥他们。

过度压抑导致精神崩溃，不如疏通

正常人总是非常注意保护自己身体的私密部位，不愿意让其暴露在众人的注目之下。但是，当心理发生异常之后，那些心理扭曲的人却偏偏反其道而行之，他们总是故意暴露自己的私密部位，甚至以此追求刺激和快感。和偷窥癖、异装癖等一样，这也是一种怪癖，叫做裸露癖。顾名思义，裸露癖就是那些喜欢在公开场合暴露自己的身体，尤其是隐私部位的人。他们通过这样的方式，在别人看到他们的隐私部位时，得到生理和心理上的快感。因而，从这个角度来说，他们与恋物癖一样，也是发生了性欲倒错。如果是恋物癖以看到某物激发起自己的性欲，裸露癖则以让别人看到他们的隐私部位，激发起自己的性欲和冲动，获得快感。

有些晚下班的人，在独自一人行走夜路时，偶尔会遇到这样的裸露癖。这种情况下，最好对其视而不见，而千万不要恶意辱骂他们，导致他们情绪激动，甚至做出冲动的犯罪行为。也许有人会表现出难以控制的恐惧、惊讶甚至说愤怒，那么只会刺激裸露癖患者更加兴奋，因为他们觉得裸露的目的达到了。别人的各种厌恶表情，在他们眼中就是一种欲望的表现，如果他们误以为你和他们一样充满欲望，后果可想而知。由于裸露癖患者的裸露行为导致很多人的正常生活都受到影响，因而很多国家都明令禁止在公开场合暴露隐私部位，甚至将这种行为划入犯罪的范畴。曾经有犯罪心理学专家对性犯罪的罪犯进行过深入研究，发现其中大多数人在最开始萌生犯罪念头时，都曾有过裸露的癖好。由此可见，如果任由裸露癖者继续发展下去，那就是养虎为患，会导致严重的后果。

当然，并非所有的裸露行为都与“癖”字相关。诸如在很多足球比赛中，球迷们因为喜欢的球队进球，由于过度兴奋，也会脱掉上衣，暴露身体。对于他们而言，这是一种发泄的方式，而并非病态的表现。因而，在现实生活中，我们一定要对暴露身体的发泄行为和裸露癖进行准确界定。只有准确判断裸露癖的行为，我们才能有针对性地对其展开治疗，帮助其恢复身心健康。

前几天下班，娃娃遇到了一个裸露癖。那天正好是娃娃上夜班，所以她直到晚上11点才下班，坐了最后一班地铁回家。下车之后，地铁的候车厅里空空荡荡的。娃娃远远地看到石柱前站着一个男性，很安静的样子，也就没有太在意。当她越走越近，发现那个男性正对着她笑，便不由自主地多看了男性几眼。这一看，她突然觉得满脸通红，血脉扩张。原来，那个男人正在猥琐地看着她，而且还把阴部暴露在她的面前。娃娃愤怒极了，脸部都扭曲了，她环顾四周，发现空无一人，只有远处的地铁工作人员正在疲惫地准备下班。想到自己有可能无法及时得到援助，她只得低着头迅速走过，却控制不住自己的恶心。

走了很久之后，娃娃回头看到那个人居然还在看着她笑，不由得狠狠地朝着他吐了口唾沫。不承想，对方更加兴奋了，居然拿起阴部冲着她把玩起来。从此以后，娃娃只要再遇到上夜班的日子，都会让老公提前去单位接她，再也不敢一个人走夜路了。

这个事例中，娃娃遇到的那个变态者就是典型的裸露癖。他趁着夜深人静的时候，对于单身女性暴露阴部，从而获得性的幻想和心理上的满足、愉悦。幸好娃娃还有一定的自我保护意识，没有在靠近那个裸露癖的时候做出过激的举动，否则万一被裸露癖拥抱，就后悔莫及了。

对于裸露癖，他们的目的就是把自己的隐私部位暴露在他人面前，如果他人对其视若无睹，也许他们就会寻找新的目标实施性侵犯。但是如果他人反应剧烈，尤其是当女性受害者对于男性裸露癖表现出明显的愤怒或者厌恶时，非但不能使他们有所收敛，也许反而会使他们感到更加亢奋，甚至做出过激的冲动之举。

心理课堂

裸露癖并非是暴露就有快感，更多的情况下，他们的快感来自于受侵害者的反应。当受侵害者的反应非常强烈时，他们似乎是舞台上的表演者有了忠贞不渝的观众，因而会变得更加兴奋和躁动不安。他们希望看到的是受侵害者的反应，单纯的暴露同样会使他们感到乏味。既然了解了裸露癖的心理动机，我们也就找到了应对他们的方法，那就是视若无睹。

暴食症，让人感到难以言表的痛苦

所谓暴食症，顾名思义就是暴饮暴食。在医学上，暴食症被视为一种进食障碍，又叫“神经性贪食症”。患有这种病症的人，往往无法控制自己的食欲，就像一条贪吃蛇一样，不停地进食，直到咽不下去为止。但是与其行为恰恰相反，暴食症患者都是很害怕发胖的人群。在无限度地进食之后，他们又因为害怕发胖，而采取不恰当的手段进行催吐，或者不顾后果地节食，或是进行超负荷的剧烈运动。在如此极端的行为下，他们的情绪越来越焦虑，因而更加陷入暴饮暴食和极度害怕发胖的恐惧之中。日久天长，他们的行为变成一种强迫性的，他们很难合理控制自己的食欲，也无法自制地以各种方式清除进食的食物，最终导致身体和精神都受到极大损伤，甚至无法面对自己。

仅从这几句简单的描述来看，我们就不难想象暴食症患者的痛苦和纠结。进食，在很多时候对于他们而言已经不再是一种享受，而是对情绪的发泄，也是对自己的折磨。通常情况下，暴食症是因为过度紧张和巨大的精神压力导致的。心理学家经过研究发现，神经性贪食症患者中，有相当一部分患者患有抑郁症。由此可见，暴食症与忧郁等情绪是密切相关的。

大学毕业之后，丽娜进入现在这家公司工作。由于该公司是世界五百强企业，也因为深知自己没有后台更没有任何背景，因而丽娜的心理压力很大。她自从进入公司就一直在加班，几乎每天都要深夜才回家。刚开始时，她只是觉得睡觉之前感到有些饿，想到自己也许是因为加班消耗太大，因而就会吃些小零食充饥。后来，她在睡前想要进食的欲望越来越强烈，甚至有段时间，她每次加班之后都要吃两个巨无霸才能满足自己的欲望，恢复心绪的平静。

就这样，短短的几个月时间里，丽娜的体重迅速飙升，足足长胖了20斤。看到镜子里臃肿的身体，丽娜觉得恐惧极了，她可不想就此成为一个胖子啊！然而，进食的欲望是那么强烈，她简直觉得难以自制。最终，她想出了一个好办法，那就是在吃完很多东西之后，再把手指伸进喉咙深处进行催吐，这样一来既满足了她的食欲，也能够避免长胖。然而，一个月过去了，丽娜的体重丝毫没有减轻。她又开始节食，在整整一周的时间里不吃主食，只吃少量的酸奶和水果。眼看着她的脸色越来越苍白，她却依然没有瘦下来。这让丽娜痛苦不堪。她的生活渐渐陷入恶性循环的怪圈中，每天晚上她都吃很多东西，以满足自己的口腹之欲，又在临睡前进行催吐和剧烈运动，企图减肥。

当一个人每周至少两次进行这样的暴饮暴食和催吐行为，而且整个事件持续三个月以上，那么这无疑就是暴食症。很多心理学家经过调查研究发现，越是在生活和工作节奏都很快的大城市，暴食症患者越多，且都以年轻的女性为主。这主要是因为女性承受压力的能力较弱，而且她们更注重保持苗条的身材。如果想要避开暴食症的侵犯，女性朋友们一定要注意调节自己的心态，让自己始终保持轻松愉悦。

任何人在行为上的反常，都不会是无缘无故的。要想更加从容地面对生活，保持心态的健康至关重要。人们常说，民以食为天，进食不但是满足生存的所需，更是帮助我们获得口腹满足的重要方式。如果有一天进食变成一种折磨，那么活着也必然非常痛苦。因而，千万不要为了一时的畅意，就暴饮暴食，更不要为了保持身材的苗条，就刻意以各种不健康的方法进行催吐。一旦这样的行为成为习惯，你的生活就会陷入恶性循环之中。

心理课堂

暴食症对于人的身体健康和心理健康的危害是显而易见的。既然这种病症主要是因为患者的心理压力过大，那么要想从根本上解决问题，最重要的就是调整心态，让自己变得平静宽和。有位名人曾说，“人最大的敌人是自己。”只要我们能够战胜自己的内心，就没有什么是能够打败我们的。食欲，恰恰也是我们的本能需求之一，只有恰到好处地控制好食欲，使其成为我们健康生活的保障，我们的人生才会更加精彩。否则一旦进食成为噩梦，人生还有什么乐趣可言呢？！

第15章

人的天性永不满足，所以要努力控制贪婪和欲望

人的欲望就像是无底的深渊，对于自制能力差的人，往往会陷入这个深渊之中无法自拔。为什么人的欲望永无止境呢？就是因为人们在面对自己喜欢的事物沉迷于其中时，很容易就会成瘾。人类的本性是贪婪的，很少有人因为得到了自己想要的东西就感到满足，就再也不奢求。事实是，当人们一个小小的欲望得到满足之后，他们马上就会衍生出更多的欲望，然后想方设法如同着了魔一般想要获得满足。对于任何人的任何需求而言，贪婪的心都是只求更多，不求最多。

“瘾”，是每个人都戒不掉的毒

每个人都有瘾，只不过表现的方式不同而已。有些人吃东西的时候嗜好辣味，嗜辣成瘾，有些人则喜欢甜味，爱甜如命，还有些人喜食酸的，当然并非因为酸儿辣女，而是天生就对酸味的食物情有独钟，更有人喜欢食苦的，看到苦瓜就会流口水。仅就吃的这一个方面，每个人也许都有自己的瘾，更何况生活的方方面面呢？

日常生活中，最常见的是烟瘾、酒瘾，普通人接触不到的是毒瘾。不管怎么说，既然沾上“瘾”字，那么大家就都成了瘾君子，被“瘾”字死死地控制住，无法自拔。所谓瘾，毋庸置疑，已经到了无法自控的程度。试想，一个人原本是自己命运的主宰，如今却因为对于某人、某事、某物沉迷不已，仿佛像有了把柄握在别人的手中，行动和决定都不能完全凭借自己的意志，岂不是莫大的悲哀吗？！

当然，日常生活中的瘾和真正的毒瘾还是不同的。很多人都从电视上看过毒瘾犯了的人生不如死的样子，而有烟、酒瘾的人程度则轻得多。虽然瘾上来了也很难受，但不会到了活不下去的程度。诸如孩子爱吃糖，一旦想吃糖的时候就会又哭又叫，这也是一种瘾。随着其年岁的增长，他们总会找到其他感兴趣的食物，而渐渐戒掉对糖果的迷恋。这也是瘾，却是可爱的瘾，甜蜜的瘾。和成年人相比，孩子的自控能力显然不足，因而他们对于某件玩具或者是某种美味的食物上瘾，是情有可原的。成人呢？尽管烟瘾不像毒瘾那么严重，但是面对每年都有100万人死于因为香烟引发的疾病的数据来看，3亿多烟民中只有不到20%的人成功戒烟，这个瘾看起来也是遗患无穷啊！最可怕的是，每年还会有10万人因为吸食二手烟失去生命，面对自己所爱的家人和孩子，都不能控制烟瘾，可见烟瘾虽然不至于马上要人的命，也是一种贻害无穷的瘾。

为什么人们这么容易上瘾呢？现实生活中，如果你乘坐地铁，就会发现目之所及都是对手机上瘾的低头族；如果你家里有老人整日都要开着电视，否则就觉得没着没落的，这其实也是一种瘾。再想想那些因为沉迷于网络游戏而玩物丧志的年轻人们，他们的瘾怎么就这么大呢？从物质和精神的方面来划分，瘾一种是针对物质的，另一种是针对精神的。物质的瘾前文已经罗列了很多，精神的瘾却是容易被人们忽视的。现代社会，很多人都陷入精神的瘾之中，诸如网络游戏、赌博等，这就是精神层面上的瘾。拖延症、过度依赖电视、迷恋网络游戏，这都是精神上很难戒掉的瘾，给人们的生活带来了很大的困扰。

皮特是一家房地产公司的经纪人，因为工作时间长，下班太晚，他已经养成了晚睡的习惯。为此，妻子总是怨声载道，因为皮特的作息时间也影响到了她的生活。她原本是个早睡早起的人，如今也因为陪着皮特一起晚睡，早晨很难按时起床，白天又因为睡眠不足而精神倦怠。

今天恰巧是皮特休息的日子，眼看着已经晚上10点钟了，在看完一个电视节目之后，妻子让皮特关灯睡觉。不承想，皮特却不以为然地说："为什么现在就要睡觉！还不到12点呢？！"注重养生的妻子听了皮特的话，感到非常懊恼，她气氛地说："中医上讲，晚上10～12点是肝部休息的时间。你看看，你本来因为下班太晚，搞得咱们总是要到凌晨才能入睡。既然你今天休息，为什么不能早些睡呢？"皮特突然笑了，说："生活能不能有点儿规律呢？不能一天10点睡，一天凌晨1点睡吧？！"妻子感到很无奈："人们都说生活要有规律，也指的是健康的规律啊！就像你现在这样，难道因为下班晚的原因天天凌晨休息，那么在不上班的日子里，也就要保持这样不健康的作息时间，才算是有规律吗？”妻子的话把皮特说晕了，但是他依然拒绝早睡觉。他宁愿再看一个无聊的电视节目，也不愿意在晚上10点钟就早早入睡。

在这个事例中，皮特就有精神上的“瘾”。对于习以为常的作息时间，其实是非常不健康的，但是他却固执地坚持和遵守。这是因为他已经习惯了这样的生活规律，也不愿意改变。这实际上是一种精神上的惯性和依赖，尽管看起来危害性不那么大，但是对于人们的生活却有很大的影响。

曾经有心理学家经过研究发现，那些情绪上常常陷入焦虑不安的人，更容易产生精神上的瘾。他们惧怕改变，希望按照现有的既定模式继续维持表面上的宁静，获得自欺欺人的快乐。其实他们所坚持的根本是不正确的，是早就应该淘汰和摒弃的观念。只有更加勇敢地面对生活，迎接生活的挑战，人们才能摆脱精神上的瘾，为自己的人生创造奇迹。

心理课堂

瘾，真是一种神奇的东西。对于物质上的瘾，其实可以寻找替代物，就像有人戒烟时选择吃糖一样。对于精神上的瘾，既然其与精神紧张和压力过大有关，那么就应该采取更好的方式积极地放松自己的心情，而且要在自己沉迷于瘾中时能够果断地叫停。我们唯有成为自己精神上的真正主宰者，才能摆脱对各种瘾的依赖。

欲望是无底的深渊，只有强者才能驾驭

在《农夫和金鱼》的故事里，原本好心的农夫放了金鱼一条生路，金

鱼感激不尽，因而愿意满足农夫的愿望。善良的农夫表示拒绝。不承想，他那贪婪的老婆却想要得到很多。在金鱼一次又一次满足他老婆贪婪的欲望之后，终于在他老婆提出最后一个愿望时，金鱼愤怒了，收回了她对农夫夫妇所有的馈赠。在这个故事里，他老婆无疑是贪婪欲望的化身。从一个一贫如洗的家，到拥有宽敞高大的房屋，再到拥有宛如宫殿一样华丽的家，她却从未感到满足。从他老婆一次又一次得寸进尺的表现上来看，我们不难得出一个结论，即欲望是无底的深渊，永远也填不满。

也许此时此刻你会说，如果谁让我拥有一幢别墅，我就会马上满足。那么当你真的拥有了一幢别墅，你会发现屋内的陈设不够完美，你还会奢望得到全套的欧式华美家具。如果你拥有了家具，你又会希望自己也能拥有华美的服装，这样看起来才像是住别墅的贵妇人。如果你是男人。当你有了这一切后，你甚至还会希望拥有豪车，或者拥有体贴入微、漂亮摩登的小情人。总而言之，你的欲望永远也没有止境，不会停留在你现在所说的如果我拥有了什么就一定会满足的承诺上。

很多人因为自制力不够强，往往会为了满足欲望做出让自己后悔的事情。例如，在中央的反腐败行动中，无数的贪官为此下马，他们都是被欲望征服的典型。一个人，如果能够在金钱、名利、美色等的诱惑下，始终保持自己的原则不动摇，那么他就是真正的强者。有人说能够战胜自己的人才是真正的强者，的确，欲望也是人性中最大的弱点，所以我们说能够战胜欲望的人，才是真正的强者，也能够成为命运的主宰者。

很久以前，有母子二人相依为命，他们生活在深山老林里。母亲身体不好，根本不能承担繁重的农活，因而家里全靠着儿子王枉辛苦劳作支撑着家。因为家里实在太穷，王枉始终没有娶到老婆，和母亲一起过着孤独清苦的生活。

有一天，王枉和平时一样去山里砍柴，突然间一条身受重伤的花斑蛇出现在他的眼前，直瞪瞪地盯着他，似乎在寻求帮助。王枉不由得对它动了怜悯之心，把蛇放到背篓里，带回家中，他不但细心地给蛇涂抹了草药，还用干草为蛇铺了一个小窝。母亲也是一个心善之人，每天都精心照顾花斑蛇。眼看着花斑蛇一天天好起来，母亲和王杠都很高兴。

有一天，渐渐康复的小蛇爬到院子里晒太阳，一见到阳光，它突然变得又粗又大，足足有几丈长，比房梁还要粗。母亲看到小蛇的样子，吓得尖叫一声昏死过去。王杠回家之后，看到母亲不省人事，小蛇却早已爬回屋子里。看到王杠担忧的样子，它说："我今天把母亲吓坏了，你现在赶紧从我身上剥下几块皮，放在锅里熬汤，让她服下就会好的。"王杠当即表示反对，因为他不想伤害小蛇。无奈小蛇坚持要这么做，王杠只好照做。喝下王杠用蛇皮熬制的汤之后，母亲果然起死回生了。眼看着小蛇的伤已经痊愈，它要离开了。一天晚上，它对王杠说："我要走了。为了感谢你的救命之恩，你可以挖下我的一只眼珠，作为宝物献给皇帝。这样，你们母子二人下半辈子肯定衣食无忧。"王杠照做之后，果然得到皇帝的奖赏，满朝文武百官无不称奇。后来，因为皇后娘娘也眼馋这颗夜明珠，皇帝便下令让王杠再找一颗一模一样的夜明珠。此时此刻，王杠做官做得已经非常贪婪，他当即带着卫兵去当初发现小蛇的深山里寻找小蛇。不承想，小蛇不同意给王杠另一只眼珠，这时，急了眼的王杠拿起刀就要去挖小蛇的眼珠，却被阳光下张开血盆大口的小蛇一口吞掉了。

人心不足蛇吞象的故事，相信很多人都曾听说过。故事中的王杠原本非常善良，即使剥下蛇皮救治母亲都觉得不忍心。后来，他因为把蛇的眼珠献给皇帝，被封为高官，最终变得越来越贪婪，甚至想要强取小蛇的另一颗眼珠。最终，贪婪的他被小蛇一下子吞到肚子里，这个原本已经改变了生活现状的人，又失去了一切，包括他的生命。

生活中，因为贪婪而最终被毁灭的事例并不少见。真正的强者，总是能够合理控制自己的欲望。人们常说，贪字头上一把刀，这形象地说明了贪婪对于人的负面影响和毁灭作用。但是欲望在生活中并非绝对的一无是处。如果一个人能够合理地控制自己的欲望，就能够把欲望转化为前进的动力，以此为出发点努力其改变命运。

心理课堂

欲望就像一把“双刃剑”，如果一个人被欲望驱使，成为欲望的奴隶，那么就会坠入无底的深渊。相反，如果一个人能够合理控制自己的欲望，成为人生和命运的主宰，那么就能够在命运的沉浮中游刃有余，把握命运，成为人生真正的强者。

占有欲的极致：让人做出疯狂的举动

在大自然里，动物们喜欢以撒尿的方式留下气味，圈定自己的领地，从而向所有的同类宣告：这块地盘是我的了！人类虽然比动物具有更多的智慧，是高级动物，但是人类也同样喜欢圈地。在资本主义社会，第一次工业革命期间，圈地运动进行得轰轰烈烈，一个人一匹马，就决定了一个人的资本和身家。后来，人类文明不断发展，为了争夺土地资源，由此战争不断。对于个人的私有财产，人们明确意识到自己的占有权和支配权，也因此萌生出保护私有财产的强烈愿望。在法治健全的西方国家，最先把“私有财产神圣不可侵犯”的规定写入宪法，成为全民必须遵守的严格法律条文。

当然，占有欲并非只表现在法律明令禁止的方面，很多其他领域，诸如感情方面，占有欲也往往表现得淋漓尽致。前文说过，人的欲望是永无止境的。不管在什么情况下，人的欲望都像无底的深渊，只有强者才能控制自己的占有欲，成为人生的主宰。反之，那些被欲望控制的人们，则会因为贪得无厌让生活变得被动，也会因为欲望的驱使产生强烈的占有欲，而导致自身更加疯狂。众所周知，爱的本质就是自私的占有。没有人愿意和任何人分享自己的爱情，还有些人在强烈占有欲的驱使下，恨不得掌控爱人的一切。殊不知，占有欲能够表现出深切的爱，也会让爱感到窒息，甚至使爱人产生逃离的愿望。任何事情，只有把握好一定的度，才能起到正面的积极作用。

若琳和男朋友阿峰是大学时的同学。从大二开始，他们就陷入爱河，尽情享受着爱情的甜蜜滋味。学生时代的生活相对简单，因而他们几乎每天都黏在一起，从不分离。然而，毕业之后，若琳却觉得爱情渐渐变了滋味。

原来，毕业之后的若琳和阿峰并不在同一个公司工作，因而阿峰几乎每天都要打好几遍电话给若琳，询问她此时此刻正在做什么。这还不算密集的微信轰炸，若琳刚到公司工作，很想把工作做好，却因为阿峰无时无刻不在的关心，精力受到很大的牵扯。有的时候若琳正在开会，无法回复微信，阿峰在发微信无应答之后，就会马上打电话过来质问。

一天晚上，若琳的主管邀请全部门的人一起去吃饭、唱歌。因而若琳告诉阿峰自己可能要晚一些回家。晚上10点，正是夜生活刚开始的时候，若琳正在兴高采烈地和同事们推杯换盏，阿峰就打电话来问她什么时候回家。若琳有些不愉快，说："饭还没吃完呢？！一会儿还要去唱歌！"阿峰有些不满，嘟囔着说："你可要注意安全啊，告诉我唱歌地点我去接你吧！"若琳不耐烦地说："好啦，这么多同事在一起呢，不会有事情的。而且地点是主管定的，我也不知道！"打发完阿峰之后，若琳不好意思地对正等着她干杯的同事说："不好意思啊！"让若琳没想到的是，刚刚过去半个小时，阿峰的电话就又打来了："若琳，我刚刚听到你的电话里有很多男人的声音，你们部门全都是男同事吗？是不是只有你一个女孩子？"若琳很尴尬地说："当然不是，我们主管就是女的。你别操心了，好吗？”阿峰迟疑地说：“要不，你让你们主管跟我说句话行吗？”若琳突然觉得浑身的血都涌到了头上，她愤怒地挂断了电话。随后阿峰再打来的电话，若琳一个都没有接。等到凌晨2点多回家时，若琳拿出手机看了看，发现有50几个未接来电，若琳愤怒极了。她回到家里，发现阿峰正面色阴沉地坐在客厅里等她，不等若琳说什么，阿峰就突然间暴跳如雷，冲着若琳歇斯底里地发作起来。因为若琳也怒气冲冲，最终他俩不仅吵了起来，而且还动起手来，闹得不欢而散。此时，若琳意识到阿峰是一个占有欲很强的人，后来他们的确又因为类似的事情吵过无数次。不得已，若琳只好提出了分手。

在这个事例中，阿峰显然是一个占有欲很强的人。在现代职场上，同事们一起出去聚餐、唱歌是很正常的事，如果连这一点儿自由都没有，那和失去人身自由又有何区别呢？对于崇尚自由的现代人而言，让人窒息的爱情同样无法忍受。

其实，爱情中的占有欲很常见，绝大多数人对于爱情的态度都是自私的。但是任何事情都要把握合适的度，只有适度，才能给予爱情增添更多的美好，而不会事与愿违地让爱情消失。通常情况下，普通人对于爱情的占有欲表现在“吃醋”上，因为他们不能容忍爱人和其他的异性有着过于亲密的行为，更不愿意和他人分享爱人。这样的心理是完全正常且健康的，无须感到紧张。所谓强烈的占有欲，就是哪怕爱人与其他人进行正常的人际交往也不允许，严重影响爱人的生活和工作，甚至达到了变态的严重程度。由此可见，我们要学会控制自己的占有欲，也要对爱人的生活给予应有的宽容和理解。

心理课堂

由于男人和女人的生理以及心理都存在很大的区别，所以男人和女人

在占有欲的表现方面也是不同的。例如，很多女人都心思缜密，因为她们除了要求男人不能和其他异性亲密接触和交往之外，还会要求男人经常抽出时间来陪伴她们，关注她们的情感和兴趣。相比之下，男人的占有欲则显得直截了当、非常纯粹，他们通常要求女性要远离其他异性，而并不关注女性是把大量时间用于陪伴他的身旁，还是更喜欢逛街和闺蜜约会等。

你不可能买尽天下所有的东西

对于烟瘾、酒瘾、毒瘾等，很多人都给予了极大的关注，尤其是身边有这些瘾君子的人们，就更会对此展开深入研究。相比之下，购物瘾则显得隐蔽得多，看起来危害也不那么大。但是现实状况却让人担忧，尤其是从网络购物流行之后，网购成瘾的人越来越多，很多人都因此严重影响了其正常的生活。

记得曾经看过一个关于购物狂的电影，女主角只要觉得有压力，或者情绪郁闷，就会马上去购物。她不停地刷信用卡，甚至还会向朋友借钱购物。如果说去商场需要花费时间成本，那么网购则显得更加容易。只要打开电脑动动鼠标，就能把大把的钱花出去，这岂不是更加轻松畅意吗？尤其是网上的海量商品完全能够满足人眼的观看欲，让人目不暇接，恨不得马上都把它们尽收手中。如此一来，有多少工资才够花呢？！由此可见，最彻底的解决办法不是挣更多的钱，而是努力控制自己的购物欲望，让自己合理消费。

通常情况下，购物狂并非真的喜欢某一件商品，他们只是喜欢占有那些琳琅满目的商品的感觉。很多时候，他们购物的理由非常简单，哪怕只是因为喜欢一个商标，他们也会选择把一件商品买回家束之高阁。大多数女性购物狂，并非会把自己买到的每件衣服都穿一遍，喜欢冲动消费的她们，甚至在把衣服买回家之后连看都不看一眼，就会挂到衣柜里雪藏起来。时间久了，她们甚至忘记了自己拥有哪些衣服，等到了商场的时候，再次控制不住地狂买，而丝毫不管自己是否真的需要这些衣服。从心理学的角度来说，这无疑是一种病态的表现。

自从加入购物群之后，乐妈就变成了不折不扣的购物狂。虽然这个购物群里的群主发布的往往是优惠商品的信息，买到就相当于赚到，而且商品的总价也并不是很高，但是如果一天马不停蹄地买下来，好几百元钱就会不知不觉地花出去了。

这不，今天一大早，群主就发布了大宝的优惠信息。一想到秋天来了，老公马上需要护肤品，乐妈赶紧花6元多买了一个200毫升装的大宝。这款大宝产品在超市里得十几元钱呢，乐妈沾沾自喜，觉得自己省了10元。后来，群主又发了纤丝鸟和北极绒羊毛袜的促销信息，10双袜子只要十几元，乐妈马上又下了两张购物单，给儿子，给妈妈，也给自己。就这样，又花了30多元钱。后来，群主突然说今天的牛排便宜，因此乐妈毫不犹豫地买了一份牛排，花了100多元。到此为止，她一分钱还没挣到了，就已经花了200多元了。

下午，乐妈一直在专心挣钱。然而，到了晚上，群里的人都在讨论雅鹿羽绒服。原来，雅鹿羽绒服参加天猫的淘抢购，价格很便宜，最重要的是还可以用五折的券，这样一来，简直太便宜了。思来想去，看着群友们讨论得热火朝天，乐妈忍不住，又买了件羽绒服，花了200多元钱。一天下来，乐妈已经花了四五百元钱了。几乎每天，乐妈都是在一边工作一边网购中度过的。少则一天花100多元钱，多则一天花四五百元钱。这样一来乐妈每个月挣的七八千元钱，几乎全部用于网购了。现在，乐妈几乎形成了条件反射，只要是群主说是便宜的东西，她又不排斥，就会马上买。有的东西虽然马上用不着，她也会买了之后囤起来，以备不时之需。虽然乐妈也知道自己已经网购成瘾了，但是她就是控制不住。为了安慰自己，她只得说：“哎呀，我买的都是超级便宜的好东西，而且有很多都是给家人买的，我是一个贤惠的家庭主妇！”

在这个事例中，乐妈是典型的购物成瘾者。尤其是足不出户就能买到很多物美价廉的好东西，让她更是欲罢不能。从另一个方面来说，她也喜欢上了这种占便宜的感觉，是占便宜的欲望驱使着她不停地购买群主推荐的便宜东西。在这种情况下，她的购物瘾只会愈演愈烈。

通常情况下，大多数购物狂都是女性。因为女性的心理比较脆弱，既要照顾家庭也要兼顾工作，难免承受着巨大的生活压力。为了排解压力，她们往往会选择购物的方式进行宣泄。此外，还有些女性则是因为精神上感到孤独，所以动不动就去商场购物。例如，那些有钱但是孤独寂寞的小三，她们付出了自己的青春，却忍受着无聊乏味的生活。除了钱之外，她们几乎一无所有，更没有得到男人真心的爱和陪伴。在这种情况下，她们只能通过购物来填满内心的空虚。当然，乐妈与这些人的初衷是不同的，作为一个照顾全家人生活起居的女性，她必然要照顾老的和小的，还要顾及老公方方面面的需要，因而就养成了购物的习惯，最终出于占便宜的心理而成瘾。不管哪种原因，购物成瘾都会让我们的生活入不敷出，因而我们必须理智地反思自身，让自己更加理性的消费，从而也能更加合理地规划生活。

心理课堂

常言道，“吃不穷，穿不穷，算计不到一世穷”。在现实生活中，很多人都喜欢吃吃喝喝，还爱穿时髦的衣服，这其实是人们对于生活的追求，无可厚非。但是消费是永无止境的，世界上琳琅满目的商品层出不穷。就以手机为例吧，如今手机更新换代的速度非常之快，如果你不停地追求新产品，在几个月的时间里就淘汰一部手机，就不是对生活的追求，而是对金钱的极大浪费。如果把这些钱拿来做些更加有意义的事情，一定能够改变你的生活，给你带来长远的收益。尤其是对于女人而言，一个家庭要想过好日子，主要就是靠女人精打细算，合理安排金钱的开支。如果你是不会算计的女人，只会浪费钱，那么日子必然过不好，还会走下坡路。从现在开始，就让我们好好算计算计吧，只有算计到了，才能让金钱发挥最大的效益，也才能让我们的生活越过越好。

网瘾，现代青少年的精神囚牢

随着网络的普及，越来越多的人对网络产生依赖。尤其是喜欢玩网络游戏的青少年，网瘾则更加严重。需要注意的是，并非是喜欢上网就可以称之为有网瘾，这是很多人的误区。喜欢上网与有网瘾之间有着本质的区别，毕竟如今工作、娱乐等很多事情都离不开网络。那么，怎样的情况才叫有网瘾呢？专家认为，如果一个人每天出于非工作和学习的目的，至少上网六个小时以上，且持续时间超过三个月，才能称之为网瘾。和烟瘾、酒瘾、毒瘾等会对身体健康造成严重影响不同，网瘾对人的恶劣影响显得更加隐蔽。但实际上，网瘾已经被界定为是一种心理疾病，必然对人的生理和心理健康产生严重影响。例如，长期久坐上网的人，因为血流不畅，很容易导致血栓的形成。再如，如果一个人沉迷于网络，就会对于外界的反应越来越淡漠，甚至产生与人交往的障碍，严重影响人们正常的工作和生活。在这样的情况下，必须对于网瘾患者进行及时引导和治疗，才能避免情况继续恶化。

为什么很多青少年都沉迷于网络呢？究其原因，既有外在原因，也有其自身的内在原因。所谓外在原因，就是孩子们成长的环境，包括家庭环境和社会环境。很多父母因为忙于工作，总是无暇关注孩子的心理发育，觉得只要给孩子吃好、喝好，其他就不用再管了。其实对于处于青春期的孩子而言，拥有健康的心灵更为重要。此外，社会环境的恶化也是对孩子的不良诱惑。社会上有很多黑网吧肆意营业，根本不能对上网的人进行正规的管理。还有些失学的孩子因为无处可去，网吧也就成为了他们的避难所。从这个方面来说，必须家庭教育和社会教育相互配合，才能更好地帮助孩子们戒除网瘾。如今，社会上还有一些专门帮助孩子戒除网瘾的学校，其水平和资质良莠不齐，父母千万不要为了图省事就不负责任地把孩子送到除网瘾的学校中，关于孩子死在戒除网瘾的学校中的新闻时有发生，必须引起足够的重视。

自从父母离婚后，李楠就跟随爷爷、奶奶一起生活。爷爷、奶奶年纪大了，不但无法辅导李楠的功课，在很多方面也管不了李楠。渐渐地，正处于叛逆期的李楠脱离了正常的生活轨道。学校里有几个小混混退学了，李楠几乎每天放学后都与他们混在一起。时间长了，他开始逃学，和那些小混混一起去网吧玩游戏，通宵上网。后来，他索性根本不去学校了，每天都从家里拿钱去网吧。为了得到那几个混混大哥的照顾，他还从家里偷钱，给他们买好吃、好喝的。

直到老师把电话打给远在美国的李楠的爸爸，他爸爸才知道李楠的现状。李楠的爸爸赶紧从美国回来，却发现半年不见，李楠像变了一个人似的。原本健康强壮的李楠，现在脸色苍白，似乎大病初愈。最重要的是，那个活泼开朗的李楠不见了，现在的李楠变得非常沉默，也不愿意与人交流。于是，爷爷、奶奶才告诉他爸爸，李楠几乎每天都从家里偷钱，爷爷、奶奶每个月七八千元的退休金，几乎有大半都被李楠花了。因为害怕他爸爸担心，他们从来不敢说。看到李楠的现状，他爸爸心痛不已。他决定带着李楠一起去美国，但是李楠却坚决反对，表示拒绝说：“我可不和你去美国，我在美国有没有朋友。”无奈之下，爸爸只好辞掉美国的工作，回国陪伴李楠。面对李楠严重的网瘾和已经成为习惯的偷窃行为，他爸爸找了份清闲的工作，每天都抽出大量的时间陪伴李楠。在爸爸的引导下，李楠每天上网的时间都在减少，甚至开始喜欢和爸爸一起进行爬山、远足等户外运动。

因为父母的离异，李楠的生活也发生了翻天覆地的变化。跟随年迈的爷爷、奶奶一起生活，还缺乏自控能力的他又恰巧处于叛逆期，因而生活不知不觉脱离了正轨，走了下坡路。幸好有他爸爸及时的引导，才让他迷途知返，渐渐戒掉网瘾，迎接新生活的到来。

生活中，很多青少年之所以沉迷于网络，除了其自身的原因之外，家庭生活的影响也是非常大的。诸如有些单亲家庭的孩子往往内向自卑，更喜欢从虚拟的网络世界中寻找自尊。此外，父母的言传身教作用也不可忽视，有些父亲自己就很喜欢玩网络游戏，也就成了孩子的坏榜样。其实，所有事情都是有利有弊的，如果一件事情过度发展，就会事与愿违。相反，如果作为有自制能力的人，能够很好地控制自己，就能够让网络变成辅助自己学习和工作的有力工具，也能够作为有效的休闲和娱乐方式。

心理课堂

任何精神或者感情的寄托，都不如父母对孩子的关爱和陪伴。对于青春期的孩子，父母一定要给予其足够的耐心和陪伴，这样才能帮助孩子的身心健康发展。否则，一旦孩子沉迷于网络世界，甚至成为戒除不掉的瘾，就会导致孩子的人生发生巨大的转变，影响孩子的一生。

嗜酒，让你的人生从此不再清醒

中国的饮食文化千古流传，源远流长。也因为饮食文化的盛行，使得酒文化也迅速地发展起来。尤其是随着社会的发展，人们生活水平极大提高，很多人都对酒情有独钟。民间有句俗话说，“酒是粮食精”。稍微好些的酒，都是纯粮食酿造的，酒不仅拥有浓郁芬芳的气味，饮酒之后在酒精的刺激下，人们还会感到心情舒畅、精神振奋。所以，在全世界各个国家，酒都是最受欢迎的饮品。而且，科学家们经过研究也证实，适量饮酒不但对身体无害，反而对身体有益，能够活血化瘀，强身健体。然而，凡事皆有度，如果饮酒过度，则人的神经就会受到酒精的强烈刺激，长此下去还会对酒精形成强烈的依赖性，导致精神萎靡，甚至危害家人和社会。

如果一个人每天都要饮酒，而且每个月饮酒的总量超过六七公斤，那么其中的酒精含量就会高达300毫升，那么就是酗酒。或者每周饮酒的次数超过两次，虽然偶尔会间隔一两天，但是每次喝酒至少200毫升，也是酗酒。长期饮酒，人们的神经就会渐渐麻痹，甚至失常，最终无法控制自己的理智，无法保持清醒，在神志迷乱中做出伤害家人、危害社会的事情。由此可见，酗酒带来的危害是非常大的，首先对于酗酒者的身体是极大的伤害，其次也会给酗酒者的家庭带来不稳定因素，给家人带来痛苦。如果在公众场合，还会危害公共安全。当长期过量饮酒者变得疯疯癫癫时，酗酒者就会失去朋友，导致人际关系缺失，因而越来越自我封闭。有些酗酒者，常常喝酒之后就会闹事，甚至还会因为对酒精的过度依赖，通过各种卑劣的手段偷酒喝，骗酒喝，或者喝含有酒精的其他饮品。如此不顾一切后果的极端行为，必须采取积极的治疗手段，及时制止和纠正。

娜娜从小就很自卑，因为她的爸爸是个酗酒者。从有记忆开始，娜娜就知道爸爸爱喝酒，而且喝多了酒就会和妈妈吵架，激动的时候还会打妈妈。记得有一次，娜娜大概四五岁的时候，爸爸因为喝醉了酒，居然拿起打火机把枕头套点着了，说要把家烧了。当时，娜娜和爸爸、妈妈住在爸爸单位的一间宿舍里，娜娜看着熊熊燃烧的火焰，觉得害怕极了。妈妈一边和爸爸厮打，一边把着火的枕头套放到床前的尿盆里灭火，娜娜则尖叫着打开门栓，冲进电闪雷鸣的雨夜。当时大概是晚上10点多钟，娜娜虽然也很怕黑，但是更怕疯了一样的爸爸。她光着小小的身体，在冰冷的雨水里跑了几十米，到了平日里与妈妈交好的一个阿姨家，使劲地砸门。这个情形，直到她成年之后，依然徘徊在娜娜的脑海中。

后来，娜娜大学毕业后去了上海，因为不放心妈妈一个人对抗酗酒的爸爸，娜娜在工作稳定之后，特意把爸爸、妈妈都接到上海，与她一起生活。然而，随着年岁的增长，爸爸酗酒的习惯丝毫没有改变，情况变得越来越严重了。有一次，因为娜娜和妈妈一起严格控制爸爸饮酒，由于爸爸每顿饭都要喝酒，所以他们每次只给他100毫升白酒。然而，她爸爸酒瘾发作，就会四处偷酒喝。无奈之下，妈妈和娜娜只好与他玩捉迷藏，几乎家里每个隐秘的角落都变成了藏酒的地方，而且妈妈也不敢给爸爸任何零花钱。有段时间，原本表现还不错的爸爸突然间每天都喝得醉醺醺的，且目光呆滞，看起来很吓人。妈妈想不明白他是从哪里偷到酒的，因为看着酒壶里的酒没有减少。直到有一天晚上，爸爸像疯了一样地打人、砸东西，妈妈才发现原来爸爸把家里用来消毒的一瓶医用酒精都偷着喝了。看着爸爸着魔的样子，娜娜想把他送去医院戒酒，但是爸爸清醒之后表示坚决不去。就这样，若干年来，娜娜和妈妈不得不承受着家里有一个酗酒者的痛苦，过日子总是提心吊胆的。

直到她爸爸60岁那年，因为食道感觉不舒服，被医生诊断为癌前病变，且病变部位的长度已达到18厘米，爸爸这才收敛了喝刺激性高度白酒的行为，开始改喝啤酒。从此，虽然爸爸偶尔几个月还是会因为应酬喝醉一次，但是至少不再是酗酒了，家里的生活才算恢复了平静，娜娜也终于松了口气，压在心里这么多年的大石头总算落了地。

在这个事例中，娜娜的爸爸是个典型的酗酒者，而且症状非常严重。对于酒精的依赖，居然使他不顾生命安全去喝医用酒精，简直让人感到震惊。那么，为何她爸爸会变成酗酒者呢？通常情况下，酗酒是有遗传性的。这是因为人的体质往往有遗传性，而当酗酒者出现严重症状，其实就是发生了酒精中毒。因而，遗传了长辈容易酒精中毒体质的人，也很容易发生这样的情况。其次，在商场上的朋友们都知道，应酬是非常多的。在中国，历来有无酒不成席的说法。即不管是别人宴请你，还是你宴请别人，如果没有酒，似乎就少了整个宴席的精华和灵魂。如此一来，酒风盛行。还有些人酗酒则并非出于以上两个原因，而是因为自己的心理。生活总是不尽如人意的，如果一旦遇到不高兴的事情，就不停地喝酒，长此以往，就会习惯于在酒精的麻痹中寻求逃避，最终养成酗酒的习惯。总而言之，酗酒者大多数是心理上缺乏自制能力的人，他们对于酒精的诱惑无法抗拒，因而导致对酒精越来越依赖。

不管什么情况，酗酒者对于家庭而言都是一场噩梦。娜娜从小就感到自卑，正是因为爸爸酗酒引起的。试想，对于一个四五岁的小女孩儿而言，能够赤身裸体地跑进电闪雷鸣的雨夜，这是多么大的痛苦啊！后来，娜娜为了照顾妈妈，不得不和妈妈一起面对爸爸的酗酒，心里始终都像是压了一块沉重的大石头。这对于娜娜人生观的形成，也是具有负面影响的。假如你也喜欢喝酒，或者你也是一个酗酒者，请不要再那么自私吧，把自己一时的快意建立在家人的痛苦之上，是万万要不得的。

心理课堂

酗酒者在深度酒精中毒之后，也许会于睡眠中发生昏迷，甚至导致生命受到威胁。即便没有昏迷，他们也往往记不清楚自己曾经在醉酒之后做了什么。当看到触目惊心的结局时，他们也许会感到片刻的内疚，然而一到酒瘾犯了，就又会不管不顾。如果想要帮助酗酒者戒掉酒瘾，最好的办法就是家人一定要坚持原则和坚定立场，强制酗酒者保持清醒，并且严格控制酗酒者的饮酒量。等到其情况稳定了，再逐渐减少，由此循序渐进，直到其最终戒掉酒瘾。虽然说起来只有简单的几句话，但是做起来却很难，这一点只有酗酒者身边的人才能深有体会。

偷东西也能成瘾，这个世界到底怎么了

作为奥斯卡影帝，达斯汀·霍夫曼当然无须依靠偷窃来满足自己的欲望，但是他曾经在公开的场合承认自己很喜欢偷窃，尤其喜欢在入住的高级酒店里，顺手牵羊地偷走各种设施，诸如毛巾、电视机、沐浴液等。同样作为明星，大名鼎鼎的薇诺娜·瑞德也因为在一家商店里行窃，最终被判三年有期徒刑……毋庸置疑，这些明星、影帝们根本不缺钱，在物质方面可以说是应有尽有，实现了财务上的自由，那么他们为什么还要偷窃呢？其实，他们并不会把偷窃来的东西据为己有，而是选择遗弃，或者就是随便地丢在任何一个地方。他们之所以总是无法自制的偷窃，就是因为他们患了偷窃癖，所以一心一意地想要通过偷窃满足自己的内心，甚至为此影响声誉也依然愿意冒险。

偷窃癖者的偷窃行为是反复出现的，和生活中有些人被逼得走投无路而偷窃，或者以偷窃为生的人不同，他们的偷窃行为并非是为了维持生活，而只是出于心理上的需要。就像嗜酒的人总是难以控制对酒精的依赖性一样，偷窃癖者也需要通过不停地偷窃让自己获得满足。对于偷窃来的东西，他们并不是真正需要，甚至有些偷窃癖者为了满足其偷窃欲，不得

不去偷一些小的物件，诸如巧克力、糖果、肥皂等。偷窃，真的有这么大的瘾吗？在展开偷窃行为之前，偷窃癖者一定受到过什么刺激，或者曾经陷入某种困境无法自拔。自从依靠偷窃缓解了内心的紧张，使自己得到物质和精神上的满足之后，他们就会觉得偷窃变得越来越有吸引力。很多偷窃癖者明知道偷窃行为是可耻的，但是他们却能从中得到快乐，将其视为是一种享受，因而很少有偷窃癖者能够主动寻求帮助。相反，他们乐此不疲地享受着偷窃带来的快意。

彤彤是一名海归人士，在美国读了几年大学，如今毕业后回到国内，想要在她父母身边安定下来生活。很快，她就在一家外企找到了工作，成为人人都羡慕不已的白领。如今的她每天衣着光鲜亮丽地出入于写字楼之中，拿着高薪，有着舒适的工作环境，简直是春风得意。然而，这一切都在她的偷窃行为败露之后，戛然而止。

其实，早在国外读书时，彤彤就因为要承受巨大的心理压力，不知不觉患了偷窃癖。至今她还依然记得第一次从超级市场的严密监控下偷出一块棒棒糖的快乐。那天她似乎因为考试成绩不好，心情非常低落，便在超级市场里漫无目的地闲逛。突然间，她看到一块造型奇特而又可爱的棒棒糖，便忍不住想要吃。此时此刻，她还不想离开超级市场，因而就趁人不备，把棒棒糖剥了皮，放进嘴里。她得逞了，直到她吃完棒棒糖，始终都没有人发现她，为此，她心中居然有了莫名其妙的喜悦。后来，彤彤每当心情郁闷的时候，就会去超级市场吃点儿小东西，当然都是不结账的。回国之后，她原本下定决心要改掉偷窃的坏毛病，但是却难以如愿以偿。这不，她和同事一起去家乐福买东西，趁着同事不注意，她就剥了一块巧克力放进嘴里。结果，她被超市里穿着便衣的保安发现了。毋庸置疑，如令人心叵测，当天下午几乎全公司的人都知道了彤彤是个小偷。尽管只是一块巧克力，但是性质恶劣。为此，在众人的指责下，彤彤只得主动辞职，她可不想等着被上司开除啊！至此，父母才知道彤彤的怪癖，因而马上带着彤彤去找心理医生进行治疗。

彤彤原本春风得意的生活，就这样戛然而止了。也许她还可以重头开始，但是世界既很大，也很小。一旦人们知道彤彤的过去，还能做到真正的尊重和信任她吗？信任的缺失对于任何人而言都是最可怕的。彤彤很清楚，自己未来的道路将会因为这块巧克力而变得艰难。

对于根本不想偷东西的彤彤，却总是忍不住地去偷东西，这实际上是一种行为成瘾的现象。通常，患有这种病症的人都有冲动控制障碍。即他们非常冲动地想要做一件事情，却无法成功控制自己打消念头，最终惹下祸患，后悔不已。任何事情，一旦突破了底线，就会成为常态。作为正常而又健康的人，我们最重要的就是在不良行为发生之前，能成功控制自己的冲动，从而坚决杜绝某些行为的产生。

心理课堂

实际上，很多人都偷东西成瘾。流行病学家在调查研究之后发现，在每1000人中，大概就有6个人是偷窃成瘾者。对于这么高的比例，相信大多数人都会感到万分惊讶。这就是实际情况，也是需要我们正确认识和接受的。如果你身边有偷窃成瘾者，千万别觉得不可思议。想想吧，如果农村1000多人的村子里总有一些人总喜欢偷东西，你肯定不会觉得惊讶。既然如此，就让我们以平和的心态面对偷窃成瘾者吧。只有给予他们更多的关心和照顾，给他们找到可靠的替代行为，他们的偷窃行为才能渐渐减轻，得到缓解。对于严重的偷窃成瘾者，还可以采取一定的手段，帮助他们更好地戒掉偷窃瘾。总而言之，偷窃成瘾是一种心理疾病，千万不要小视。只有对其引起足够的重视，勇敢地面对，才能彻底解决问题。

参考文献

[1]陈玮.微人格心理学[M].北京：中央编译出版社，2015.

[2]弗里兹·李曼.直面内心的恐惧[M].杨梦茹，译.太原：山西人民出版社，2007.

[3]克里斯多夫·安德烈.不害怕各种恐惧症，以及怎样克服恐惧症[M].黄晓楚，刘雨叶，译.长沙：湖南文艺出版社，2013.